优秀的人，不会输给

情绪

陈数◎著

精英们都在用的情绪自我管理手册

EMOTION

江西人民出版社
Jiangxi People's Publishing House
全国百佳出版社

图书在版编目（CIP）数据

优秀的人，不会输给情绪 / 陈数著. -- 南昌：江
西人民出版社，2018.8

ISBN 978-7-210-10424-7

Ⅰ. ①优… Ⅱ. ①陈… Ⅲ. ①情绪－自我控制－通俗
读物 Ⅳ. ①B842.6-49

中国版本图书馆CIP数据核字(2018)第104468号

优秀的人，不会输给情绪

陈数 / 著

责任编辑 / 冯雪松

出版发行 / 江西人民出版社

印刷 / 北京柯蓝博泰印务有限公司

版次 / 2018年8月第1版

2018年8月第1次印刷

880毫米×1280毫米　1/32　7印张

字数 / 110千字

ISBN 978-7-210-10424-7

定价 / 32.00元

赣版权登字-01-2018-385

版权所有　侵权必究

序言 你那么聪明，为什么一直没有成功？

回答这个问题之前，我们先来看两个心理学实验：

"棉花糖实验"。这项实验旨在通过观察4岁儿童对果汁软糖的反应预见他们的未来。研究人员将一些孩子们带到房间里，并且告诉每个孩子，你可以马上得到一颗果汁软糖，但是如果你能坚持不拿它直到等我外出办事回来，你就可以得到两颗糖。说罢便离去了，当他回来后便兑现承诺。经过追踪调查发现，这些接受测试的孩子中，能够以"坚持"换得第二颗软糖的孩子通常成为适应性较强、冒险精神较强、比较受人喜欢、比较自信、比较独立的少年；而那些经不起软糖诱惑的孩子则更可能成为孤僻、易受挫、固执的少年，他们往往屈从于压力并逃避挑战。

"乐观测试"。20世纪80年代中期，宾夕法尼亚大学的心理学家马丁·塞里格曼受某保险公司委托，做了一项关于"乐观成功理论"的实验。塞里格曼对15000名参加过该保险公司两次测试的新员工进行了跟踪研究，这两次测试一次是该公司常规的甄别测试，另一次是塞里格曼自己设计的用于测试被测者乐观程度的。这些人中有一组人没有通过甄别测试但却在乐观测试中取得"超级乐观主义者"成绩。跟踪研究表明，这一组人在所有人中工作任务完成得最好。第一年，他们的推销额比"一般悲观主义者"高出21%，第二年高出57%。从此以后，通过塞里格曼的"乐观测试"便成为被录用为该公司推销员的一个条件。"乐观成功理论"是什么呢？这一理论认为，当乐观主义者失败时，他们不会将失败归结于自身的弱点，他们会努力去克服困难，改变现状，争取成功。

这就是关于情商的两次著名实验，它向我们表明：在成功的道路上，我们最大的问题不是缺少机会，也不是不够聪明，而是情商不够高、缺乏对自身情绪的控制——愤怒时，不能制怒，使周围的合作者望而却步；消沉时，放纵自己的情绪消极，把许多稍纵即逝的机会白白浪费。当然，这样说还是不够全面，因为情商的构成是非常复杂的。接下来我们会做一说明。

情商（Emotional Quotient），又被称作情绪智力，主要是指人在情绪、情感、意志、耐受挫折等方面的品质。过去我们通常认为，一个人能否在一生中取得成就，智力水平是第一重要的，也就是说智商越高，未来可能取得成功的概率就越大。但现在心理学家们普遍认为，情商水平的高低对一个人能否取得成功也有着重大的影响作用，很多时候其作用甚至要超过智力水平。

情商主要分为四个方面：自我意识、自我管理、社会意识、社会技能。每个方面又有五六个胜任特征，它们包括：察觉情感、正确的自我评价、自信、自我控制、值得信赖、良知、创新、适应力、成就驱力、承诺、主动、乐观、了解他人、服务导向、协助别人发展、善用多元资源、政治敏感、影响力、沟通、冲突管理、领导力、催化改变、建立关系、合作、团队能力。可以说，情商是个体最重要的生存能力，是一种发掘情感潜能、运用情感能力影响生活的各个层面和人生未来的品质要素。"情商"是一种洞察人生价值、揭示人生目标的悟性，是一种克服内心矛盾冲突、协调人际关系的技巧，是一种突破自身情绪限制的成功智慧。所以，我们有理由说：高情商的人比高智商的人更容易获得成功。好了，我们一开始的问题已经有答案了，这也解释了为什么我们身边有那么多聪明人，最后却未能取得成功。

智商如果说是一种和生理学、遗传学有关的学说，那么，情商应该是和心理学有关的学说，它的起源一开始就和心理学家的研究联系在一起。耶鲁大学的心理学家沙洛维与梅耶第一次提出了"情绪智力"这个说法，他给情绪智力下的定义要从五个方面看：能充分认识自己的情绪；使情感专注；控制自己的情绪；对他人情绪的感知；掌握好人际关系。这些能力直接关系到一个人的事业成败。如果一个人性格孤僻、怪异、不易合作；自卑、脆弱，不能面对挫折；急躁、固执、自负，情绪不稳定，他的智商再高也很难有成就。

想一想，我们身边有多少人在饱受情绪所困扰？因为情绪不佳，多少人的工作、事业、家庭、生活以至人生受到影响？为情绪不佳，又有多少人的工作、事业、家庭、生活以及人生受到影响？因此情绪是人生中最具影响力、最重要和最基本的研究课题，同时也是在人类历史上最易被忽视、最缺乏研究的内容之一。今天，我们已经越来越多地认识到情绪在人的智力方面所起到的重要作用，正像词典中所下的定义一样："情绪是人从事某种活动时产生的兴奋心理状态。情绪是人对外界刺激肯定或否定的心理反应，如喜欢、愤怒、悲伤、恐惧、爱慕、厌恶等。"情绪在支配着智力。在这方面，情绪所起的作用大概要比数十年来人们所推崇的数理逻辑能力所起的支配作用还要大。

最后我们要告诉大家：情商高不完全是天生的，在很大程度上是后天培养出来，作为一种能力，它需要我们不断地学习和练习。而现在，就让我们从控制情绪开始。请记住，优秀的人，永远不会输给情绪！

目　　录

Contents

Contents

第一章

人人需要两种能力，好好说话和情绪稳定

1. 多谈别人得意事才是会聊天

　　设身处地地为别人想想，说话时才能感同身受，才能真正理解别人。所有人都渴望得到关爱，关爱让生活多姿多彩，可以让欢声笑语充满人间。人人都需要关怀与爱护，这是一种世界性的现象。给别人关心与帮助，也能得到他人的尊重与爱护。

　　人生不可能一帆风顺，挫折、背运是难免的。落难之时，虽然自己倒霉，但是也是对周围的人们，特别是对朋友的考验。因为患难之处见真情，远离而去的可能从此成为路人，帮助其渡过难关的，他可能感激你一辈子。所谓莫逆之交、患难朋友，往往就是在困难时候形成的。这时的友谊也往往最有价值，最让人珍视。

　　人们总是可以敏感地觉察到自己的苦处，却对别人的痛处缺乏了解。他不想去了解别人的需要，更不会花工夫去了解；有的甚至知道了也佯装不知道，没有切身之苦、切肤之痛罢了。

当然很少有人能做到"人饥己饥，人溺己溺"的境界，但我们至少可以观察一下别人的需要，时刻关心朋友，帮助他们脱离困境。当朋友身患重病时，应该多去探望，多谈谈朋友关心的或感兴趣的话题；当朋友沮丧时，应该给予鼓励，告诉他："这次失败了没关系，下次再来。"当朋友愁眉苦脸、郁郁寡欢时，你应该亲切地询问他们。这些适时的安慰会像阳光一样温暖受伤者的心田，带给他们希望。

有两位要好的女友，吴莉、孙菲，她们一起去参加舞会。舞场上的许多男士频频与吴莉共舞，却在不知不觉中冷落了孙菲。吴莉下意识地感觉不妥，于是托词身体不适，奉劝朋友们邀请孙菲。男士们尊重了奉告，孙菲被他们带入舞池，孙菲的快乐是不言而喻的。

吴莉在自己快乐的时候，也注意了女友的感受，不想女友被忽视，使女友的心灵得到抚慰，这必定会使她们的友谊更深一层。我们的一言一行都要为对方的感受着想，学会安抚对方的心灵，不可以使对方产生相形见绌的感觉。与此同时，自己的心灵也会得到安慰，也会有一个极好的心情。

我们经常可以看见一些人喜欢大谈自己的得意之事。殊不知，对方不仅不会认为了不起，甚至会认为对方是不成熟、好卖弄的人。与人交往尽可能保持低调不要提自己的得意之事，这也是关心别人感情的表现。

然而，每个人都想被评价得高一点。明知不可谈得意之事，却情不自禁地特谈，这是人性中炫耀的本能所导致的。完全不谈得意之事又不可能，但是说的时候不妨注意一下谈的方式。至少在别人未谈得意之事之前，自己也不要谈。

一位女士的宝贝女儿，从剑桥毕业回国之后，在深圳一家金融机构供职，薪金数万。这位女士相当自豪，她面对亲朋好友时，言必称女儿的风光，语必道女儿的薪俸。偶然被女儿发觉，她极力制止母亲，说总夸自己的女儿，突出自家的好，人家会受不了，不要因此伤害了他人。

女儿的话在情在理。可见在叙述自我时，要防止过分突出自己，切勿使别人的心理失衡，产生不快，以致影响了相互之间的关系。一定要设身处地为别人想想，不要为了图自己一时的快活而伤害了别人。

关心他人，不仅要关心他人的困难，还要在说话时关心他人的感受。就如上面以自己女儿为自豪的女士，有子女的父母都希望自己有令人骄傲的子女，但是未必人人都有那个好运气。当自己的孩子有着骄人的成绩时，别人原本就是羡慕不已的，但是如果还在别人面前时时提起，别人又会有何感受呢？恐怕是由羡慕转为嫉妒，再就是愤怒了。我们在说话做事的时候，也要想想别人的感受。

2. 跟人争辩，只是对自己无益的损耗

人和人之间就某件事产生分歧是非常正常的。很多人在产生分歧后首先想到的是争论甚至争吵，这似乎也是正常的，但正是这种似乎正常的解决办法恰恰是最糟糕的办法。其实，最好的办法就是避免争吵。

有人说："理不辩不明"。其实，很多时候是"理越辩越不明"。争论的结果，要么会让双方比以前更坚持自己的立场；要么是一方赢了争论，洋洋得意，另一方颜面扫地，心生怨恨。

因此，卡耐基说："在争辩中获胜的唯一秘诀就是不要争辩。"狄更斯也曾提出忠告："切勿与人争论，即使彼此的意见相左，也应巧妙有礼地转变话题。"

与朋友发生争论，常常会伤害彼此，有时甚至会反目成

仇，从此失去这个朋友。这样的争论无疑丧失了交谈的意义和价值，既然如此，又何必为了证明自己正确而和别人争论不休。沟通专家史夫易特也说："最恶劣、最糟糕的交谈，莫过于争论了。"

在一次宴会上，一位先生讲了个幽默故事，其中提到一段引语，他说是出自《圣经》。然而他的邻座很清楚地记得这是出自莎士比亚作品，于是很自信地指出了这个错误，结果是各执己见，互不相让。正好边上是一位莎翁研究专家，于是决定让他评判，那位专家对那位指出错误的先生说："你错了，那位先生是对的！"

在回家的路上，指出错误的那一位先生很诧异地问专家："你明明知道我是对的，怎么说他是对的？"专家的回答说："这么多人看着，你为什么要让他丢面子，如果让他丢了脸，他会恨你一辈子，而绝不会感激你指出了他的错误，绝对不要以为指出他的错误是为他好！"

事情确实如此，和一个人争吵，一般是不会有什么好结果的，因为为了各自的自尊，谁都不愿意轻易地屈服，而往往分歧双方都各有优点，也各有缺点，或者根本就没有好坏可言，只是角度不一样，所以争吵是不可能有结果的。争吵总是营造一种敌对的气氛，在这种气氛中，双方都只会盯住对方的缺点，而不会考虑对方的优点。即使是很明显的一个错误，你把它指出来，或者通过辩论把他驳得体无完肤，让他觉得低人一等，其结果只会使他怨恨你，或者违心地服输，但可能观点照旧，甚至会在以后的工作中影响相互的合作。即使是"1+1=3"这样简单低级的错误，你也该找个恰当的机会指出来，越是简单的错误越不能公开、无情地指出。

哲人说："恨不消恨，唯爱释恨。"要做到避免争吵，就要有欢迎分歧的态度，记住这样一条格言：如果一对伙伴总是意见一致，那么其中一个就是多余的。

没有分歧就没有解决问题的最佳办法。在发生分歧的时候，要冷静地先听对方说，给对方时间，然后你才会有较客观的评价。但最重要的是如何开口，很多人在开口之前是理智的，但慢慢地就失去控制，无法控制对方情绪，也没法控制自己的情绪。开口要先强调对方的优点，然后承认自己观点中的不足，即使没有也要编一个。因为要让对方认识到他的不足，最好的办法就是先自我批评。最后很婉转地提出对方的不足，并请他考虑。相信这样一个简单的程序能避免大部分争吵。

但是争辩并不是一个人的事情，即使我们不打算和对方争辩，又如何能避免对方不跟我们争辩呢？有下面几种方法供参考。

1.不要正面反对别人的意见

在生活中免不了出现意见分歧，如果我们不得不更正别人错误的观点，那么不妨这么说："我倒是有一个想法，也许不对，我们来一起讨论一下吧。"绝对不要直接指出对方的错误，否则一场争辩将不可避免。

富兰克林年轻的时候曾经是一个喜好争辩的人，有一天，一位长官对他的做派实在看不下去了，就把他叫到一旁，教育一顿说："你真是无药可救，你已经打击了每一个和你意见不同的人。你的朋友发觉，如果你不在场，他们会自在得多。你知道得太多了，没有人能再教你什么；没有人打算告诉你些什么，因为那样会吃力不讨好，又弄得很不愉快。因此你不可能再吸收新知识了，但你的旧知识又很有限。"

富兰克林接受了这个教训，从此立下了一条规矩：决不正面反对别人的意见。从此以后，他不再说"我以为""我觉得""当然了"或者"目前我看来如此"之类的话。当别人陈述一件事情的时候绝对不立刻反驳，而是说"在目前这件事上，我们的观点看来好像稍有不同"。当别人表示有兴趣听他的"稍有不同"的意见时，他才坦率陈言，否则宁可守口如瓶。

富兰克林将这个好习惯坚持了十几年，结果他成为美国历史上一位能干、有亲和力、善于言谈的外交家。

2.争辩只是多让一步和少让一步的问题

争辩不是一个谁胜谁败的问题，而是一个谁多让一步，谁少让一步的问题，只有这样，才会出现双赢的结果，而不是两败俱伤。

林肯曾说过："任何下定决心想有所作为的人，绝不肯在私人争执上耗费时间。在跟别人正误参半的问题上，你要多让一步；如果你确实是对的，就少让一步。总之，不能失去自制。与其跟狗争道，被他咬一口，不如让它先走。就算宰了它，也治不好你的咬伤。"

关键是怎样让步，让步到怎样的程度才不至于难堪，让双方都觉得可以接受。比如，你要求上司给你加工资，而要求做更少的事，这肯定是不现实的。如果你要求加薪并愿意承担更多的责任，上司就比较容易接受了。

3.根据对方的原则进行判断

不是所有的人都保持同样的世界观、人生观和价值观。这些观念上的差异，正是诱发争吵的主要原因。

因此，我们要试着从别人的价值观出发考虑问题。

在美国独立战争时期，有一次，总统问一名将军对另外一名将军印象如何，这位将军用极为赞赏的语气作了评价。在场的一位官员大为惊讶地说："那位军官可是你的死敌啊！他一有机会就会恶毒地攻击你。"

"是的，但是总统问的是我对他的看法，而不是问他对我的看法。"

我们不能因为别人跟我们的价值观不一样就说他是错的。有了这样的认识，就不会时时刻刻想要理论出一个是非曲直，这样我们的生活才会和谐。

3. 学会说不，别让不好意思害了你

很多人在拒绝对方的时候，会产生一种"不好意思"的心理。这种心理阻碍了人们把拒绝的话说出口。由于这种矛盾的心情，态度上就不那么热心，说话吞吞吐吐。在这种心理的制约下，最终往往是依照对方的意图行事。即使拒绝了对方，其态度也容易使对方产生误解，认为你在成心摆架子。因此，要想使自己在工作和社会交往中，不惹出许多麻烦，首先要克服这种"不好意思"的心理障碍。

国外研究拒绝艺术的专家强调，要建立这样一种意识：你有权利说"不"，你不必因为拒绝了某人一件事而感到不好意思。这样，你在拒绝时就会心情坦然、举止大方、态度明朗，避免被误解和猜疑。即使对方开始会对你的拒绝产生一点失望和遗憾，但由于你的态度在向对方表明你是坦诚的，对方会受

到感染，容易弱化对方心中的不快。如果你自己都觉得不应该拒绝，那么你的态度就会迟疑不决，对方也会觉得你拒绝的理由是不可信的。

在服装店，你在挑选一件衬衣，样式和做工都令人满意，但在价钱上你却觉得不够理想。看到售货员的热情服务，你不好意思不买它。售货员就是利用你的这种心理，越是看到你在犹豫，服务得越是热情周到。售货员帮你量好尺寸、试大小，甚至动手包装好，放进你的购物袋里，造成既成事实。

初次交女朋友，你也许会感到左右为难，因为她实在不是你喜欢的那种类型。但是，由于是你的上司介绍的，或者是上司的女儿，你在拒绝上产生了犹豫。虽然每次会面都使你感到不舒服，恨不得马上逃得远远的，但你一想到姑娘的身份、上司的威严，你就不得不仔细斟酌。姑娘却对你一见倾心，你的上司也觉得好事可成。随着时间的推移，你一再丧失拒绝的机会，勉强从事，这样的婚姻是不会幸福的。

不知有多少人因为不好意思说出那个"不"字，而买了不称心的衬衫，娶了自己不喜欢的姑娘，答应了自己办不到的事情，耽误了不应该耽误的约会。

在人性的丛林里，人人都在显露自己的欲望，个个都在展现自己的实力，慢一步就失去了机会。因此你应该认清不好意思的真相，大胆地表现你的想法，并采取必要行动，否则你不好意思，别人反而笑你笨！尤其是以下三件事，你绝对不能不好意思。

1.有关个人权益的事

你千万不可不好意思，而应该大胆地争取、保护自己的权益，如果因为不好意思而丧失了自己的权益，不会有人因此而感激你。

2.想拒绝的事

很多人就是因为同事、朋友、亲戚的关系而不好意思拒绝，于是借钱给别人，为他人做担保，甚至冒险为其两肋插刀。结果是帮了别人，害了自己！

3.应该要求的事

很多人因为不好意思，结果事情做不好，对方得不到好处，你也苦了自己。尤其是如果你已成为单位主管或负责人，在工作上绝对不可以不好意思要求他人，否则你将失去权威，甚至被部属欺瞒。

克服"不好意思"的心理，就要求我们对该做的事不要畏首畏尾，对该争取的利益要去争取。当然，如果一个人完全没有不好意思的观念，那么这个人心中就已没有"廉耻"两字，就会走向不道德的另一个极端。

如何拒绝别人，怎样说"不"，是有技巧的。

你应该学习带着和善的脸色说"不"，用像说"好"时一样的轻松打消"不"所带来的生气和痛苦。

面对即将发生或正在发生的冲突时，用和善、简短而坚定的态度说"不"，能收到意想不到的效果。和善地表现你的自信和坚定，也能使别人接受你所传达的信息。

当你说"不"时，你的肢体语言也很重要。你的态度可能是说出和你心中想表达的相反意思。当你说话时，眼睛要看着对方，身体动作所表达出来的信息和你说出来的一样重要。如果你的态度显得不够真诚，那么又怎么能让别人相信你呢？

当你对所做决定列出理由时，一个冗长的解释会让人认为你很虚伪。他们认为你是由于动机不良才会想说服别人来同意你的决定。你是值得敬重的，所以没有必要作任何解释，更没必要列出一长串的理由和依据。

在你未准备妥当之前，不要立即答复"不"或"好"。即使你是个绝佳的决策者，有时候你也会需要几天时间来决定重要的事。你可以用一种肯定的表达方式："我需要考虑一番，但很快就会给你答复。"

用真诚而肯定的方式说"不"。假设一个朋友向你借钱而你不能借时，首先要表达出诚恳的态度，然后简短地说出你的意思，再用诚恳的态度来结束话题。

比说"不"还要困难的事，是用和善的态度指出别人的缺点。面对不愉快的状况，依然能指出别人的错误。

拒绝是难免的，遭到拒绝又是不愉快的。诚恳的态度、得体的用语可以把这种不快减少到最低程度，并得到对方的谅解和认可。

1.诱导拒绝法

甲向乙打听机密，乙神秘地问："你能保密吗？"甲说："能。"乙接着说："你能，我也能。"

2.推托拒绝法

"前几天经理刚宣布过，不准任何顾客进仓库，我怎能带你去呢？"

"这个问题涉及好几个人，我一个人决定不了。我把你的要求带上去，让人事部讨论一下，过几天答复你，好吗？"

"这件事我做不了主，我把你的要求向领导反映一下，好吗？"

3.委婉拒绝法

"这个设想不错，只是目前条件不成熟。"

"这倒是个好办法，但我的上司恐怕接受不了。"

"主意不错，可惜我那天正好出差在外。"

4.隐晦拒绝法

"小伙子，我真难以想象公司少了你会怎么样，不过我想从下星期一开始试试看。"

"贵公司地理环境不太好，我看××公司可能更适合举办这次活动。"

5.虚实拒绝法

问："中国能拿几块金牌?"答："到时候就知道了。"

问："××认为贵公司不可能按时交货。"答："他们有充分的言论自由，他们想怎么说，就怎么说吧。"

不论你现在说"不"的语气或态度如何，你都可以学习更有效率、更温和的方式。即使你在困扰之中，也能坚定地说"不"，而绝不会失去友谊。

4. 情商高手从不在生气时随便开口

古希腊思想家亚里士多德曾经说："人人都会发怒，那是轻而易举的事。不过，发怒要找合适的对象，要恰如其分，要在恰当的时间，目的与方式也要合适，这就不是那么容易了。"

医生说，每一次生气，人体所付出的代价，相当于辛苦工作八个小时。这是生气对自己造成的损害，然而，生气之时的恶言恶语还有可能对别人造成更大的损害。

语言可以伤人于无形，你一时不经大脑，脱口而出的话语，有可能成为别人终身的阴影。

有一个幼儿园老师，恨透了班上一个顽皮捣蛋的男孩。有一次，这个小男孩又闯下大祸，老师惩罚小男孩站在讲台上，并问全班小朋友："你们看看，他像不像一头大笨猪？"天真无邪的孩子们只知道顺着老师的话回答，他们异口同声地说："像！"

小男孩羞愧地低下头来。他是受到惩罚了，然而，更糟糕的是，这个残酷的惩罚可能将伴随他一生。他永远不会忘记，曾经有那么多人，当着他的面大声地说他像一头大笨猪。

一位年轻人在年迈的富人家里担任钟点工人，每天，除了清洁工作，还有半个小时的"陪读"任务。

一天，这名年轻人不小心把花瓶与笔筒的位置放反了，这原本不是什么大事，年老的富人却大发雷霆，指着年轻人的鼻子大骂笨蛋……年轻人一言不发地忍耐着，因为他相当同情这名老人，除了骂人的舌头外，他已别无利器。在将近十分钟的咒骂后，老人好不容易平息下来，要求年轻人进行每天的例行公事——读一段故事给他听。

年轻人翻着书，找到一个相当吸引人的章节，上面写着："南洋所罗门岛上的一些土著，每当树木长得过大，连斧头都砍不了时，他们就会对着树木集体叫喊，直到树木倒下为止。喊叫扼杀了树木的生命，比任何刀棍、石头都还具有杀伤力；正如那些尖酸、刻薄、粗鲁的言语，往往会刺伤人的内心。"

年迈富有但性格怪僻的老人听了这个故事，沉默许久。当年轻人把咖啡送到他面前，准备为他加糖时，老人抬起头来，脸上出现难得的慈祥笑容，亲切地说："不用加糖了，你的故事已经为我加了糖！"

一时之气，造成自己的火山爆发是小事，但是对那些被火山余烬灼伤的人们，却有可能造成难以弥补的伤害。

在生活中，我们常常看到这样一些现象：人多拥挤的公交车辆上，乘客之间由于无意碰撞而引起争吵，双方闹得脸红脖子粗；学校里同学之间为一些鸡毛蒜皮的小事——如不小心碰落了别人的铅笔盒之类——而出言不逊，大动肝火，怒气冲冲；邻里之间为了一些小纠纷而各不相让，争吵辱骂，没完没了。这些都是无原则的冲突，不必要的感情冲动，毫无意义的生气动怒，是无益之怒。

一个人在发怒的时候，最难看。纵然他平时面似莲花，一旦怒而变青变白，甚至面色如土，再加上满脸的筋肉扭曲，那副面目实在不仅是可憎而已。俗语说，"怒从心上起，恶向胆边生"，怒是心理的也是生理的一种变化。人逢不如意事，很少不勃然变色的。年少气盛，一言不合，怒气相加，但是许多年事已长的人，往往一样的脾气暴躁。有一位老者，已到古稀之年，并且半身瘫痪，每晨必阅报纸，戴上老花镜，打开报纸，不久就要把桌子拍得山响，吹胡子瞪眼，破口大骂。报上的记载，他看不顺眼。不看不行，看了怄气。这时候大家躲他远远的，谁也不愿招惹他。过一阵雨过天晴，他的怒气消了。

盛怒之下，体内血球不知道要损伤多少，血压不知道要升高几许，总之不利于健康。而且血气沸腾之际，理智不大清醒，言行容易逾分，于人于己都不相宜。燕丹子说："血勇之人，怒而面赤；脉勇之人，怒而面青；骨勇之人，怒而面白；神勇之人，怒而色不变。"其实这里所形容的"神勇"是从苦行修炼中得来的。生而喜怒不形于色，那天赋实在太高了。

但是既为芸芸众生，谁又有这样的天赋呢？所以，一般人还是以少发脾气少惹麻烦为上。为别人所犯下的错误生气，你无疑是在拿别人的错误来惩罚自己，想一想，这是多么划不来啊！为突来的情绪生气，你发了一场熊熊的无名火，想一想，这对别人来说，又是多么的不公平！如果不能控制自己的脾气，那么至少要懂得控制自己的嘴巴。生气时，请不要随便开口，你在这时吐出来的话，都不会是"象牙"。

5.沟通时，多说几句"如果我是你"

幼儿园的老师为什么都蹲下来和孩子说话？

当你蹲下来和孩子说话，你才能在孩子的高度感受到他所看到的世界；当你蹲下来和孩子说话，你才能感受到孩子在大人脚下感受到的压迫感。

这就是沟通的同理心法则。

一个寒冷的冬天，一个衣衫褴褛双目失明的老人，忍受着刺骨的寒风，可怜地跪在一条繁华的街道上行乞。他脏兮兮的脖子上挂着一块木牌，上面写着"自幼失明"。一天，一位诗人走到老人身边，老人便伸手向诗人乞讨。诗人摸了摸干瘪的口袋，无奈地说："我也很穷，但是我可以送你一样别的东西。"说完，他从兜里掏出笔，在木牌上写了几个字，起身告别了老人。

自那以后，老人得到了很多人的同情和施舍，他对此大惑不解。不久，诗人与老人邂逅。

老人问诗人："你那天在我的木牌上写了什么东西呀？"诗人笑了笑，捧着老人脖子上的木牌念道："春天就要来了，可我不能见到它。"诗人一抬头，看见老人的眼眶里含着晶莹的泪花。

诗人用一句传神的话，表达了老人悲苦的心境，而且能迅速让行人进入到这一心境中去体会老人的感受，因此愿意给予老人施舍援助。相比之下，"自幼失明"几乎不能激起行人的同情心。

同理心法则就是站在对方的角度去思考、体会、感受，而不是站在自己的角度去沟通。

还在学校读书时，小林曾在美国的一家快餐店打工。刚上班不久，他对工作的程序还不熟悉，错把一小包糖当作奶精给了一个女客人。

因为他一个小小的疏忽，使得这位女客人非常生气。也许是因为她正在减肥，或是刚失恋，她当着所有客人的面大声对小林咆哮，简直把那包糖当成毒药，她生气地说："你为什么给我糖？难道嫌我还不够胖？"

那时的小林初来乍到，完全不懂减肥对美国人来说是一件多么沉重的事，呆呆愣在那里，不知所措。

快餐店的女经理闻声而来，冷静地面对这一切，在小林耳边轻轻地说："如果我是你，我会马上道歉，并且把她要的东西快点给她。"

小林照经理的吩咐做，致上最诚挚的歉意。那位客人有了台阶下，数落了几声就放过他了。

闯下这个大祸，小林忐忑不安地等着经理出来批评他。没想到经理只是过来对他说："如果我是你，我会在下班后把这些东西认认真真熟悉一下，以后就不会再拿错了。"

不知道为什么，这一句"如果我是你"竟然使小林非常感动，好像听到的是一位朋友的建议，而不是上司的命令，他有一种受到"尊重"的感觉。

后来，可能他比较幸运，无论他在学校上课，或在其他地方打工，不管是老师也好，老板也好，他们明明是提出不同意见，明明是在批评哪里做得不好，但他们很少会直接责问，他们不会说"你怎么能这么做？""你以后不能再这么做！"而是用委婉的口气说"如果我是你，我大概会……"

这种沟通方式使小林完全不感到难堪，不感到沮丧，取而代之的是温暖和鼓励。

　　只是多了那么几个字，一下子就站到了对方的立场。大家站在同一阵线，每个人都设身处地为他人着想，哪里还会有什么不满的情绪，更别说会造成人与人之间的隔阂了！

6. 面对指责，如何做到情绪不失控

证严法师曾说："一般人常说，要争一口气。其实，真正有功夫的人，是把这口气咽下去。"人往往只看见别人的过错，看不见自己的失误，面对别人的指责，也不自我反省，反以恶言相向来掩饰自己的心虚。

阿光今年刚大学毕业，他学的是英文，自认为无论听、说、读、写，对他来说都只是雕虫小技。由于他对自己的英文能力相当自豪，因此给很多外商公司寄了英文简历，他认为英文人才是就业市场中的绩优股，肯定人人抢着要。

然而，好几个礼拜过去了，阿光投递出去的简历却没有回音，犹如石沉大海一般。阿光开始忐忑不安，此时，他却收到了其中一家公司的来信，信里提到说："我们公司并不缺人，就算职位有缺，也不会雇用你。虽然你认为自己的英文不错，但是从你写的简历来看，你的英文写作能力很差，连一些常用的语法也是错误百出。"

阿光看了这封信后，气得火冒三丈，好歹自己也是个大学毕业生，怎么可以任人将自己批评得一文不值。阿光越想越气，于是提起笔来，打算写一封回信，把对方痛骂一番，以消除自己的怒气。然而，在阿光下笔之际，却忽然想到，别人不可能会无缘无故地写信批评自己，也许自己真的太自以为是，犯了一些自己没有察觉的错误。

因此，阿光的怒气渐渐平息，自我反省了一番，并且寄了一张答谢卡给这家公司，感谢他们指出了自己的不足之处，语气诚恳真挚，把自己的感激之情表露无遗。几天后，阿光再次收到这家公司寄来的信函，他被这家公司录取了！

不中听的话是一把锐利的剑，可以刺穿你的心脏，但是你也可以伸手握住它，使它成为你的利器。言者无意，听者有心。一切在于你如何面对人生的挫折，你可以反驳别人的批评，斥责别人的无知，但这样并不会提高你在别人心目中的地位。只有不断反省自己，心平气和地面对指责，才可以化干戈为玉帛。

在一家首饰店，一位夫人花了几个小时挑选戒指，结果批评的意见提了不少，戒指却一只也没看上。她不仅不停地指使销售员拿这个、拿那个，还当着其他顾客的面滔滔不绝地发了一通"这枚戒指的成色太差""这枚戒指的定价不合理"之类的牢骚。

销售员试图向这位夫人解释，但招来的只是更多的抱怨。这时，首饰店老板来到了大厅，看到满腹牢骚的夫人，他并没有做什么，而是像一个听话的小学生一样，一直站在旁边听夫人发表"高论"，一声都没有吭。直到那位夫人说完了，这位老板才缓缓地说："看得出，您对戒指是有研究的，对不起，请您等一会儿。"然后他让售货员取出一只价格不菲的戒指摆在夫人面前，说："我想这枚戒指最能衬托您的高贵气质。"那位夫人一听这话，半信半疑地把戒指戴上。的确，大小、颜色都与她挺相配。结果，夫人满意地说："这枚戒指好像是专门为我定做的一样。"最后，那位夫人高高兴兴地付账离开。

其实，那位老板最后拿出的那枚戒指，实际上是那位夫人早就试过却又下不了决心购买的。

也许，这位夫人已经看了好几家珠宝店，可就是下不了决心，因为没有人懂她的心，也没有人耐心地听她抱怨，更没有人能在她抱怨后，适时地给她一个建议。这位老板了解顾客的心理，知道她需要的是倾听、尊重与肯定。于是，他投其所好，没花多少时间，就说服了这位挑剔的顾客。

的确，在生活中，遭到别人的指责和抱怨的事常会碰到。遭人指责抱怨，是件极不愉快的事，有时会使人觉得很尴尬，尤其是在大庭广众面前受到指责，更是难以忍受。但从提高一个人的修养角度来讲，无论你遇到什么样的指责，都应该从容不迫，泰然处之。

为摆脱指责的尴尬局面，不妨采纳心理学家提出的以下建议。

1.保持冷静

被人指责总是不愉快的，面对使你十分难堪的指责时，要保持冷静，最好暂时能忍住，并作出乐于倾听的表示，不管你是否赞同，都要待听完后再作辩解。因对方一两句刺耳的话，就按捺不住，硬碰硬，不仅解决不了问题，还容易将问题搞僵，将主动变为被动。

2.让对方亮明观点

有些人在指责别人时，往往似是而非，含糊其辞，结果使人不知所云。这时，你可向对方提出讲清问题的要求，态度要和气，如"你说我蠢，我究竟蠢在哪里？""我到底干了什么傻事？"以便搞清对方究竟指责和抱怨你什么，让对方及时亮明自己的观点和看法。这一策略往往能有效地制止指责者对你的攻击，并能将原来的攻防关系转变为彼此合作、互相尊重的关系，使双方把注意力转向共同感兴趣的话题。

3.消除对方的怒气

受到指责，特别是在你确实有责任时，你不妨认真倾听或表示同意对方的看法，不要计较对方的态度好坏，这样，指责完毕，怒气也消了一半。即使当你确信对方的指责纯属无稽之谈时，也要对其表示赞同，或者暂时认为对方的指责是可以理解的。这会使对方无力再对你进行攻击，相反，你却可以获得更多的机会和时间进行解释，从而消释对方的怒气，使猜疑、埋怨和互不信任的坚冰得以化解。

不论是谁，不论他是何等的挑剔，如果他能够感受到他人的尊重与肯定，比如自己的牢骚有人倾听，自己的想法有人理解，心理就会感到满足。所有的不满、反感等消极情绪，就会慢慢消失。到最后，他会变得并不那么坚持自己的主张，也比较容易接受对方的意见。

7. 如何做个心平气和、不情绪化的人

情绪化是不成熟的表现，喜怒皆形于色的人会令人反感，甚至容易被他人操纵。所以，能够控制情绪，能够驾驭情绪，不被情绪所左右，才是成熟和理智的表现。

如果不能控制自己的脾气，那么至少要懂得控制自己的嘴巴。在生气时，请不要随便开口。

人与人之间难免为了工作发生矛盾和争吵，产生怨气和怒气。经常情绪焦虑的人伤人又伤己，不仅影响人际关系，也影响身心健康。所以，为了营造一个良好而温馨的环境，控制情绪、化解怒气是有必要的。下面是一些化解怒气的小办法。

1.意念控制法

在发火时，心中念道：别生气，别跟他一般见识，有什么天大的事要发这么大的火呢？这会收到一定的效果。

2.回避矛盾法

如果与人发生了激烈的争吵，就容易引起进一步的争吵，最好暂时回避他，这样可以做到眼不见，心不烦，怒气自消。

3.转移思想法

生气时，如果始终想着生气的事情，就会越想越生气，越想越难过。相反，如果通过其他途径有意识地转移自己的思想，做一些自己喜欢的事情，比如逗孩子玩，去商场购物，就可以转移大脑的兴奋点，让怒气在不知不觉中消失。

4.自我超脱法

自己提出的工作方案，可能会遭到半数以上的人的反对，包括上司和同事。也许是对你期望太高，也许是认为你工作能力差，这都是正常的现象，不必忧虑和生气。

5.积极沟通法

当争吵双方都处于心平气和的时候，利用午休时间聊聊各自的爱好，或许你会发现你们之间并没有什么重大的仇恨。大家都是为了工作，不要把工作中的矛盾延续到生活之中。

6.提高修养法

平时多做一些提高修养的事，种种花草，养养鱼，学学书法，练练画，为人会变得谦和有礼，不容易暴躁和动怒。

第二章

情商的内在逻辑：怎么说话才算过脑子

1. 说话要积极，要正面

积极心理学已成为了哈佛大学的第一畅销品牌课。积极心理学就强调说话要积极，要正面，要主动。

良言一句三冬暖，恶语伤人六月寒。这是众所周知的道理。"恶语"当然是指那些侮辱贬损、攻击谩骂的消极话。其实，伤人的话不只是恶语。你没有骂人，但却经常从反面说话，那也照样会伤害别人。至少会使对方抵触反感，从而阻碍交流和沟通，影响人际关系。

积极说话三冬暖，反面说话六月寒。那么究竟什么是积极的说话？什么是反面说话？为什么一定要积极的说话，而不要反面说话呢？

美国成功学家皮尔"态度决定一切！"的口号一经提出，就作为积极思维力量的一句最铿锵的表达而传遍欧美，传遍世界。他的著作《态度决定一切》也在美国排行榜呆了十年！他本人的经历被拍成电影《一生》。拿破仑·希尔把积极心态作为成功的第一原则。

一个人的心态是他成长的产物，人一生都在培养自己的心态，有的向极积思维方向，有的向消极思维方向。

积极思维带来优良品质：自信、乐观、正直、无私、慷慨、宽容、忠诚、勇敢、坚定、坚强、果断、进取、博爱、责任、信任、尊重、百折不挠等。

消极思维形成所有负性品质：自卑、悲观、吝啬、狭隘、虚伪、懦弱、欺瞒、自大、责怪、贪婪、犹豫、恐惧、抑郁、怨恨、恼怒、急燥、回避责任等。

显然积极思维给人生带来光明，消极思维把人生带进黑暗。林语堂说中国人太熟悉三个字了——不可能！消极思维的特征就是这三个字。积极思维的特征还是这三个字，只是在说这三个字时要停顿一下，不要一出口就全盘否定掉了，那就是——不，可能！

积极思维，对于说话者来说，就是选择积极的词语，而不是消极的词语。生活中时时选择使用积极性的字眼，能够振奋我们的情绪，反之，若是选择使用了消极的字眼，就必然使我们自暴自弃，因此我们务必要重视使用字眼的重要性。

　　说话需要注意遣词，恰当的用字，不仅可以准确地表现自己的意思，而且能够起到感染听者的效果。马克·吐温说："恰当地用字极具威力，每当我们用对了字眼……我们的精神和肉体都会有很大的转变，就在电光石火之间。"当我们所说的话用对了字眼就能使人欢笑、治疗人的心病、带给人希望，若是用错了字眼就会使人哭泣、刺伤人的心、带给人失望。同样地，借着所用的"字眼"可以让别人了解我们崇高的心志和由衷的愿望。

　　这做起来并不难，让自己拥有丰富的词汇，那就有如手中握着一个可以调出多种颜色的调色盘，再通过自己用心地选择，便能调出迷人的色彩。

　　正面说话就是从肯定的、积极的、鼓励的、满意的、希望的和爱护的等方面说话，给人以良好的刺激；反面说话则是从否定的、消极的、贬斥的、不满的、嫌弃的和责怪的等方面去说话。

2. 积极说话效果好

记得多年前读过一本闲书，书中的一则印度寓言令我心头一震，寓言讲的是：两个人各有一杯水，都喝了半杯，一个说：我已经喝掉了半杯；另一个人说：我还有半杯没有喝。虽说面对的和所拥有的都是同等的，可是两种说法，前者透出一种无奈和苦涩，后者满怀希望，流露出一股安慰。

又比如，一个人打保龄球，一下子打掉了8个瓶子，还有2个没打倒。你作为此人的指导者该怎么说话呢？如果你着眼于还有2个瓶子没打倒，就会以不满意的口气和措辞说话。这就是反面说话，会使此人泄气、产生抵触情绪。如果你从肯定和鼓励的方面去说："好！打得不错，已经打掉了8个瓶子，继续努力会打掉更多的瓶子！"这就是正面说话，能使对方受到鼓舞，振作精神，把该做的事情做得更好。

为什么积极说话才会有好的效果呢？这是因为人际交流不仅是彼此交换信息，而且是在感情上的相互刺激影响。我们每个人都需要和喜欢良好的刺激，不需要也不喜欢不良的刺激。反面说话或轻或重、或多或少总是给人以不良的刺激，这就必然会激起对方或大或小的自我防卫心理，产生抵触反感的情绪，或明或暗地和你唱对台戏。

所以，唯有积极说话才能进行正常而有效的人际交流，反面说话只会阻碍交流，因此是有害无益的。下面我们再以谈生意为例来加以对照比较。甲乙双方在交货的时间存在矛盾，怎么谈呢？

消极说话：如果贵方不在时间上按我方要求办，那就别想达成协议！

即使乙方很想达成协议，甲方如此说话，也会使对方抵触反感，从而一口咬定在时间上不可能按甲方的要求办，结果不欢而散。甲方如果能从正面说话，那就会争取成功，至少还有商量的余地，有可能获得成功。

积极说话：如果贵方能在时间上尽力提前几天，我们达成协议就没多大问题了，请多加关照好吗？

这样说话会促使对方通过逻辑推理，权衡利弊得失，进一步考虑你的要求，也就很可能改变局面，达成协议了。

假如双方在价格问题上还有差距，你可以比较选择哪一种说法有效。

消极说话：不行，你的开价过高了，你至少低一个百分点，我们才能打交道。要不然，我就去找别的公司了！

积极说话：在开价问题上，咱们是不是再商量一下。你知道，我很愿意和你打交道。我们之间具有长久而良好的合作关系，我们双方都愿意把这种关系发展下去。现在这个价钱，我本人觉得还可以，但我们领导不太同意，因为他刚刚得到一个情报，说有家公司的开价，比你们的开价低一个百分点。我希望咱们还是合作下去，请你照顾一下我的难处，好吗？

显然，你从消极说话，对方即使担心后悔，由于情绪上的抵触反感，也会嘴硬气冲起来，一口拒绝。而积极和婉转地说话，能够争取感情上的沟通，让对方理智地思考，就容易把事情谈成。

某学院管理系邀请一位著名学者举办现代管理科学的系列讲座，因为该学者的讲座内容新颖，表达生动，踊跃来听讲的学生不仅有管理系的，而且还有其他系的同学。由于人数众多、座位有限，管理系的学生晚来一步的就没有座位了。为此，负责举办这次讲座的老师向大家发出一个通告：

"同学们，我们这次举办的讲座来听的人很多，为了保证我们管理系的同学都有座位，请其他系来的同学一律坐在第10排以后的座位上。谢谢大家的合作！"

这番话的意图无可非议，但这样说会使其他系的同学有一种"外人"的感觉，似乎不受欢迎。为什么不能换个角度，把话说得顺耳中听一些呢？比如这样说效果就比较好：

"同学们，这次讲座来听的人很多，不论是哪个系的同学，我们都很欢迎！但由于座位有限，为了让别的系的同学也都尽可能坐下，请管理系的同学一律坐在前10排以内！谢谢大家合作！"

同样的事情和意图，可以从这个角度说，也可以从那个角度讲。我们为什么不选取最佳的角度，力求最佳的效果呢？所以，我们一定要积极说话，而不要从消极说话。

爱讲消极话的人，有时是过于理想化，用自己理想化的模式，去套生活中的现实，结果常常是事与愿违。还有的人是看问题过于狭隘偏颇，只考虑自己，不顾及其他，凡是不对自己脾气的，都一概予以否定。

另一种便是用"放大镜"甚至是"显微镜"看人，将别人微不足道的缺点放大。正如鲁迅先生曾经比喻的，一位老夫子用一枚放大镜去看美人那嫩白的胳膊，结果却看到了皮肤间的皱纹和皱纹间的污泥。试想，如果再用显微镜去观察，岂不就是骇人的细菌布满全身了吗！

　　老爱讲消极话的人，是很难与人友好交往的，即使他并没有直接说对方不好，但他那万事皆不如意的心态，让人很难同他找到舒心满意的共同语言。久而久之，人们还会觉得此人太爱刁难，难以相处，常常避而远之，偶有接触，也只好打个哈哈敷衍了事。总讲消极话，最终难有好人缘。

3.心态好，少说消极话

少说消极话的关键，是要有一个积极乐观的心态。生活中并不缺乏美，而是缺少发现。与人相处，也要热情大度，注意发现对方身上的闪光点。有时还需要用你身上的闪光点去照亮别人，让大家的心境都明亮开朗起来。这样，就会有更多的人愿意同你友好相处。

除了要注意避免说消极话之外，我们还要认识到有意见应当当着别人的面去说。我们知道中国有句古话叫"谁人背后不说人，谁人背后不被说"，这是很不好的，在日常的交际生活中要注意"闲谈莫论他人是非"。

有些人对别人的成功议论，对别人的失败也要议论，任何东西都是他们议论的对象，这是很不好的做法。人在这个世界上的存在意义并不是被他人议论，而且议论大多数都是负面的，我们要尽量把这个陋习改掉。

在别人背后议论他人的好坏是对人际关系危害最为严重的一种行为。同学、同事之间不要互相议论，若我们对某个人有意见就可以约个时间，或找个机会当面告诉他，指出你对他不满意的地方。这样对方不但不会生气还会因此感谢你，人际关系也会和谐融洽。

我们都知道背后议论他人的毛病，对人际关系极具破坏力。而人际关系的好坏对我们每个人的发展都有着极其重要的影响。所以要清楚地认识这个问题，避免它发生在自己身上。

4. 瞬间化解难堪的"模糊说话术"

人的情绪是很难量化的，而职场上对很多难以定性的事情也是很难做出准确答复的。所以，在职场管理中，遇有情绪失控或很难答复的事情时，恰当地说些模棱两可的话，也就是平时人们常说的，遇事说话用"模糊术"，在无形无影中就可以有效地缓解矛盾，化解难堪。

"模糊术"可以避免陷入矛盾境地。

上司在与下属谈话中常常会遇到这样的情况：自己不好回答又不得不回答的问题。一旦失言，就会把问题弄得糟糕而不可收场，但只要在冷静中巧妙周旋，一定会摆脱困境。运用打哈哈的语言就是一种好方法。这种方法是用一种使用含义不确定的模糊语言，不让对方精确地把握答语的含义，增强了语言在谈话中的适应性、灵活性和生动性。

有一艘豪华客轮满载游客，即将到达旅游胜地的时候，客轮突然慢慢地停了下来。原来好事多磨，谁也没有料到，客轮出了问题。团队成员见客轮迟迟不能启航，急于想到达旅游区的游客心情开始浮躁起来，围着他们的领队，追问客轮何时能够启航，何时能够顺利地到达，有的则进行责问，更有甚者开始破口大骂，情绪激动可见一斑。这时候，他们的领队则镇定自若，面带微笑，不停地向大家打招呼："请大家别急。客轮只是出了点小问题，不费事的，技术员们正在做检查，一会儿就好，客轮马上就可以启航，马上就可以启航！为了大家的人身安全，请大家再耐心等待一会儿，再耐心等待一会儿！"她不断地进行重复，游客们的情绪终于慢慢平静下来。

在这里，他们的领队，针对游客的既急于到达旅游区又要一路平安的心理，面对游客的盘问与责备，没有急躁，也没有给出确切的答复，却用一连串的"一会儿""马上"等并没有确指的词语给予承诺，然而正是这一模糊语言的运用，使游客们中途平静地滞留了近一个小时，巧用模糊语言抚慰了游客们不平静的心。试想，如果他们的领队在没有把握的情况下，给出明确的时间答复，或者把时间说得短了一些，如"10分钟之后，就可以启航"。但是，如果10分钟之后，客轮仍然不能启航，就把自己推向风口浪尖的境地，到时再作解释，游客们也不会相信，到那时，怨声再起，更难平复。或者说时间还要更长一些，也只会增加游客们的怨气，于事无补。当然，也不能面对游客的盘问，不给任何的解释。

用模糊语言应付论人是非者。

有些下属总喜欢说三道四，甚至于散布流言飞语。俗话说："来说是非者，便是是非人。"这种人的心理，处在一种不平衡的状态，嫉妒心很旺盛，他们甚至倾向于将自己的快感建立在他人的不幸之上，心里往往巴不得他人越来越倒霉，越来越困窘。作为上司不要想当然地认为，在自己面前讲他人是非的人，就是上司的亲信。其实，在领导面前道他人是非的人，在其他人面前自然也会讲领导的是非。

跟这样的下属交谈，不宜过于坦诚，把自己的心里话都告诉他，对他所道的别人是非，也不要轻易赞同。当然，也不要得罪他，不能立即下逐客令，要求对方住口。在说他人是非者的心目中，上司至少还是他可以交流的对象。对于这样的人，可以采用模糊语言的表达特效，给予回复。在那种既不好说真话又不愿意说假话的情况下，只好说些"啊唷，哈哈"之类不着边际的"太极"话，敷衍搪塞。

这种冷淡地反应，让这一类下属觉得话题无法再交流下去，知难而退，从而中止谈话。先用哼哈之类的模糊语言敷衍一下，然后，主动把话题引向健康的方向。实在摆脱不了，还可以选择巧妙的借口，走为上策。

用模糊的语言应付谈人隐私者。

在与下属谈话的时候，上司尽量不要触及他人的隐私，那是在人的内心深处一块不希望被人侵犯的领地，尊重他人隐私的神圣性，同时也是尊重我们自己。

但上司却有被下属问及自己隐私的危险，比如，"你的收入多少？""夫妻感情如何？"再如，面对女性直接问对方的年龄，刺探他人社会背景，等等。一旦被这些好事者探得一点蛛丝马迹，可能会面临着传播开去、流言四起的局面。因此，遇到这样的人，不能有啥说啥，可以采用模棱两可的回答方法，既不冷落对方，又不使自己为难。

如果下属问我们"你的收入是多少？"我们可以回答"不比你多多少"；如果下属打听你的出身和来历，有意问"你是怎么到这个单位的？"你可以说"如果你感兴趣，待以后我慢慢地告诉你"；如果下属打听到你父辈是某一级领导或在本单位当上司，而故意问你"你在这个单位不错吧？"你可以说

"全托你的福"。

用模糊语言把对方问的问题抛给对方。

当下属有意当众刁难上司时，上司可以来个模糊回答法，把对方问的问题再抛给对方。

汪某是个乐于看他人笑话的人，别人高兴，他就觉得难受，别人遇到了不如意的事，他就格外高兴。有一天，他的主管郭某因为失误让上司批评了一通儿。汪某得知后，就问郭某："听说你最近有些不顺利的事，怎么啦？"郭某一见他那样子，就没好气，但他平静地说："既然已经知道，还说什么呢？"

郭某的回答，把汪某的问题顺势又抛给了汪某，既然他已经知道了，那就让他回答好了。

在当前激烈竞争的经济社会中，尤其是职场中，为了特殊需要，上下级之间越来越注重交际艺术，尤其是把语言作为交际的工具，对谈话的技巧，也越来越讲究模糊化的口才艺术。日常工作中就有很多类似这样的例子："这件事，我们需要召开专门会议，研究之后，才能给您答复，希望您能理解！"

5. 低情商的标志是说话让人扫兴

人都是局限，人都有自己的爱好、兴趣和志向。人与人沟通时，一般来说，都只会讲与自己有关的事。与自己有兴趣的事，这是人有天性。

沟通的双方若价值观大致相同，则谈话基本上在相同的频道上，不会产生太大的分歧，若两人的人生观点大不相同，则会在谈话出现语言交锋与冲突，若双方各自坚持已见，则会产生新的矛盾，导致关系破裂。

因此，在价值观不同的沟通中，在非原则问题上，我们应该尽量满足他人的表达欲望与表达方向，应当尽可能尊重他人的人生观、价值观，在茫茫人海之中，人上一百，形形色色，既然什么人都有，那么，什么观点都也会有。世界多难，观点没有对与错，只是角度不同而已，因此，你又何必强迫他人与你保持一致呢？

再加上，观点并非一早形成，自然在一般情况下也不可能说变就变，更不可能你一句反对的话就能会听者发生彻底变化，那是不可能的。

既然无法轻易改变他人，那你说了令人扫兴的话又有何意义呢？何况对方不仅不买账，而且还会与你疏远。

人性就这样，谁的观点都不可能被否定。

扫兴者有二种可能，一是讲到别人不爱听的话，讲到别人的短处，二是打断转移说者的说话兴致，中断正在说话的话。

后者我们在前面讲过，是一种失德行为，前者，当然也是一种失德行为。

哪壶不开你提哪，因此，常常令说话对方十分尴尬，十分恼火，十分生气，最终自然导致人际关系破裂。

小王是一名外地来的打工者，她家境不好，父亲有病，她必须多赚钱为父亲治病。她人长得漂亮，工作也很努力，向家中汇了不少钱，是个懂事的好孩子。为了挣钱，她几乎没有时间谈恋爱，今年已33岁。

由于她工作负责，被提升为区域经理。朋友们聚会为她庆祝一下。

其中有一个朋友不会说话，他不仅没有祝福，而且还郑重地说："事业是没有用的，对女人来说，最成功的女人就是找到了一个好老公的女人，那样的女人才是最幸福的。

小王最怕的就是提到婚姻大事，何况她已33岁了。小王委婉地说：你的观点，我持保留态度，今天我们不谈这个。

那不会说话的男人反而说："我昨天看了一则报谈得道——女人26还未嫁出去，以后就很难嫁掉了，而且会越来越掉价。

小王听到这样的刺激，脸当场气青了，她扭身走开，不愿跟这样的朋友继续往下聊。

聚会散后，小王再也没有与那朋友来往过。

有一种人，由于命运之神使他处于某种他自以为最优越的地位，因而处处表现得唯我独尊，与人交谈时总是居高临下，扫人话兴。

陈尚杰和刘德民是师范大学的老同学，毕业以后各奔前程。分别九年后不期而遇，亲切地交谈起来。

这时，陈尚杰已在区政府里做了一名很有实权的科长，正雄心勃勃，春风得意，而刘德民仍在老老实实地当中学教师，教学任务很繁重，日子过得比较清苦。陈尚杰对刘德民的处境颇为同情，并居高临下地表示乐于帮助老同学跳出"苦海"，要刘德民步其后尘也到行政部门去谋个一官半职，但当即遭到刘德民的婉拒。

"人往高处走嘛，为什么要吊死在一棵树上呢？"陈尚杰很不解地问。

刘德民动情地说："我是一个农民的后代，是知识改变了我的命运：但我还有一个心结，那就是如何利用我的知识来改变更多的农村青年的命运，因此，我总是把那些农村学生当作当年的我。我刚当高三班主任时，有一个农村孩子复读了一年还未考上大学，家里没钱，他自己也没有信心了。是我鼓励他、帮助他复读了一年，终于考上了重点大学。如今在市税务局当上了中层干部了，上个星期开着自己的车来看望我呢！"

陈尚杰立即得意地说："怎么样？还是当官风光吧！"

刘德民觉得陈尚杰曲解了自己的心意，顿时好像吃了一只苍蝇，无言以对。

人各有志，刘德民为自己所从事的教育事业而安贫乐道，这本是无可非议的，但陈尚杰却以己度人，硬要把刘德民往官场上拽，这便伤了刘德民的自尊心，扫尽了话兴，使他们的交谈难以为继。

　　生活中这种人非常多，说话不注意场合，不看时机，对象，从而导致好心办坏事。说话是有时机的，什么场合说什么话，故事中的朋友聚会主题是庆和祝，因此，除了喜庆之外就是祝贺，祝愿，而不是专拣不开心的事说。

　　说话是有场合的。赞美人时我们可以当着所有的人高声赞美，但我们要说别人没面子的话时，最好是单独交流为好，否则会令听者十分难堪。

　　总之，令人扫兴的话，最好闭嘴别说。

　　另外，给别人说话的机会的人也是令人扫兴的。

　　社交中的说话，同站在教室中教课或是站在演讲台上演说有很大不同，教课和演说，只有你一个人在说话，别人不能插嘴。而社交中的说话，彼此在对等的地位，如果在这种谈话中，你一个人一直滔滔不绝，如高山瀑布，永不停止地倾泻着，那对方就没有说话的机会，完全是你说别人听了。这样肯定不会受人欢迎，甚至会被别人耻笑。

　　世界著名记者麦开逊说："不肯留神去听别人说话，是不受人欢迎的表现。"

　　每一个人都有他自己的发表欲的，如几个人聚在一起讲故事，甲只管滔滔不绝地一个接一个地讲下去，使乙和丙想讲而没有机会讲。我们试想一下，乙和丙的心里一定不好受。因为他们自己没有说话的机会，专门听甲的讲话，自然会没有精神听下去，只好不欢而散了。

你如果能够给别人说话的机会，你也就能给人留下了一个好印象，在交际场合自然也就更受欢迎，更能融入他人的世界。

6. 谁说"忠言"一定要"逆耳"

圣人说：闻过则喜。生活中有几人可以如此？所谓良药苦口、忠言逆耳，不过，为什么良药一定要苦得让人难以下咽？忠言为什么非得让人听了难受？难道没有其他的办法吗？

有一个员工不小心做错了一件事，主管批评她，并要扣她的奖金，结果那个员工自杀了。

有一个学生被老师批评之后，为了证明自己的清白，用红领巾上吊自杀。

有一个儿子受不了父母的批评指责，挥刀杀死他们。

之所以批评者好心没有得到好报，是因为那个被批评的人没有真正意识到其中的"好"，反而认为是有害的。

趋利避害是人的本性，只要被批评者真正理解了其中的好意，他当然会从善如流。或许当我们去批评别人的时候，都希望对方象唐王一样，而自己可以象魏征那样直言不讳，可这并非良策。批评是一种人际互动，方法得当事半而功倍，方法不当事倍而功半。

批评是对人的一种否定，其实质是惩罚，在改善人的行为时，鼓励总是比惩罚效果明显，一定不能滥用惩罚，惩罚是消极的，尤其是过度惩罚非且不能达到预期目的，还会扭曲行为，那个杀了父母的儿子就是如此。

"良药苦口利于病，忠言逆耳利于行"，古人把"忠言"与"苦药"等同，足见批评的话确实不中听。因此，开展批评时，要讲究一点语言艺术，像药师把"良药"外包上糖衣一样，把批评的话变得顺耳、悦耳一些。

现实生活中却不完全是那么回事，几乎人人都爱听赞美之词，不愿意听评批之语，逆耳忠言。究其原因，主要是因为批评者不懂批评的方法，不善于把握批评语言的分寸。

批评讲究艺术，才能既达到批评的目的，又不至于伤害每个人都有的自尊心。批评若能做到"良药不苦口"，才算是真正做到家了，以下几条原则是批评艺术的集中表现。

一是使用旁敲侧击法，效果会更好。

不直接批评对方，而用打比方、举例子的办法提醒对方，促使对方解除疑虑或恐惧，提高认识改正缺点。有时，无声的行为更甚于有声的批评。

例如有一个大老板开办了许多大商店。他每天都要到商店去看看。一天他发现一个顾客在柜台前等着买东西。谁都没注意到他。售货员站在柜台的另一边正在聊天。这时，这个大老板没说一句话，只是自己站到柜台后面，给顾客拿了他要买的东西。他的这种行动便是对售货员的无声批评。

二是批评的重点不在错误。

一般的批评，只是把重点放在对方的"错误"上，却并不指明对方应如何去纠正，因此收不到积极的效果。积极的批评，应在批评时，提出建设性意见，以利于对方改正。被批评者也会更加认识到你批评得很有道理，心悦诚服。

三是设身处地地替对方想一想。

设身处地有两种方法：一种是让被批评者站在批评者的角度，让他想一想："如果你是我，你想想，我出了这样的错，你批评不批评？"让他换个位置来认识自己的过错。二是让批评者站在被批评者的角度，假如我是他，我对自己的过失是否已经有了很深刻的认识，甚至会主动检讨而不希望被人严厉呵斥？

双方均为对方设身处地地想一想，在作出批评与接受批评方面就容易协调起来了。批评者也就能视对方过错认识程度的深浅而把握批评程度的分寸。

四是批评要注意场合。

某些批评本来是公正有理的，在某些情况下可能效果不错。但如果选的时间、地点不对，效果会截然相反。比如某人常常在同事面前被老板批评，他一定会感到羞辱窘迫，甚至是不满、愤怒。事后他最先想到的是同事们会有什么看法和想法，而不会注意到老板批评的内容。这样批评不但没有效果，反而会让他产生其他想法。所以，如果你希望自己的批评取得更大的效果，就应该注意说话的时间、地点，该一对一批评的就不能有第三者在场。当着不相干的第三者或众人之面直接批评某人，不仅使被批评者沮丧或气恼，还可能会使在场的每个人都感到尴尬，担心"下次会不会轮到我"，从而与你在心理上产生疏远感，等于是批评一个，得罪一群人。

造成批评难、难批评的原因很多，《领导广角》中说其中一个重要原因就是批评的语言艺术不高。

批评下级：宜循循善诱，忌"电闪雷鸣"。

领导在批评下级时，要注意方法，讲究艺术。下属对领导的批评是相当敏感的，尤其关注"弦外之音"是否含有不信任的意味。"以理服人，威信自生；以势压人，无威无信"。因此，领导者在批评下属时，应该是说服而不是压服，应该是鼓励而不是威胁，应该是尊重而不是鄙视，应该是循循善诱而不是"电闪雷鸣"。要善于从正面肯定下属为完成工作所付出的努力，不失时机地给予适当的赞扬和鼓励，让下属首先从领导者那里获得安慰和自信，进而指出他的不足以及改进的意见。如果一味刺耳地批评或者不冷不热地采取"我不管，你自己看着办"的态度，不仅会挫伤下属的自尊心，让下属对你"敬而远之"，时间长了还会使其产生逆反心理而消极怠工，甚至"破罐破摔"。

批评同级：宜义正辞和，忌"声色俱厉"。

同级之间，彼此的职责和地位相等，相互之间没有统属关系。在开展批评时，往往容易使被批评者产生"越界干涉""出风头""多管闲事""故意找茬"等误解。因此，在开展批评时，除了要态度诚恳、分寸适度外，既要有理有据、客观公正，更要和颜悦色，善于用平和的语气、中听的措辞，以消除对方对批评的反感。批评时，宜采取商讨式、双向交流式，一般可用"我想""我觉得""我个人认为"等语气来向被批评者表明其批评意见纯是个人的看法，使被批评者感到你是为了沟通，而不是为了教训人，这样才容易使对方接受。切忌用"你应该怎样，不应该怎样""我早就料到会是这样"这类语言。

批评上级：口气要宜间接委婉，忌以众议压人。

被质问会给人产生一种不信任感，会把对方逼到敌对、自卫的死角。被训斥会让人觉得低人一等，被藐视，感觉人格上受到污辱，会使对方感到很压抑、反感。而口气温和、委婉，会使对方心理上产生内疚感，从而愉快地接受批评。因此批评时，态度要诚恳，语气要温和。得体的语调、表情或其他的身体语言，可以避免在彼此意见沟通时产生敌意。

人非圣贤，孰能无过？对于领导者来说，应具有"闻过则喜"的雅量。然而，如果批评时以"众议压人"，就会触犯领导者的威信和尊严，十有八九是要碰壁的。因此，批评领导，宜用"商计式""启发式""迂回式"的语言。

有一则故事可以给我们以启发。齐景公酷爱狩猎，非常喜欢喂养能捉野兔的鹰。饲养员烛邹不小心让一只老鹰飞走了。景公知道后，命令将烛邹推出去斩首。这时晏子走出来，对景公说："烛邹有三大罪状，哪能就这么轻易杀了，待我公布他的罪状后再处死吧！"景公点头同意。晏子当着众人的面对烛邹说："烛邹，你为大王养鸟，却让鸟跑了，这是第一条罪状；你使大王为了鸟的缘故而杀人，这是第二条罪状；把你杀了，让天下诸侯都知道大王重鸟轻士，这是第三条罪状。"说完，转过来对景公说："好啦，大王请你处死他吧！"景公听后脸红了，说："不用杀了，我听懂你的话了。"

从表面上看，晏子在数烛邹的罪状，实际上却是在批评齐景公的重鸟轻士，并指出了它的危害。间接而巧妙的批评，使景公心悦诚服，主动改正了自己的错误。

以上几种批评的方法若运用得合理恰当，能给批评方和被批评方都带来相对平和的心态和较好的结果，反之不但会伤了和气，还有可能造成不必要的误解和分歧。批评的目的是为了问题的解决，因而批评方式的采用是为批评目的服务的。只有批评方式恰当而合理，别人才会欣然接受，这样的说话方式别人才最爱听。

事实上，每个人都不愿受批评。批评毕竟是件令人排拒的事，但只要讲点委婉批评的技巧，每个人也都能够接受批评。批评是一门艺术，批评别人要使其口服心服，就要讲究窍门，下面谈谈一些可行的批评办法。

请教式批评。

有一个人在一处禁捕的水库网鱼。远处走来一位警察，捕鱼者心想这下糟了。出乎意料，警察走来后，不仅没有大声训斥他，反而和气地说："先生，你在此洗网，下游的河水岂不被污染了？"这番话令捕鱼者十分感动，连忙道歉。

暗示式批评。

某单位工人小王要结婚了，工会主任问他："小王，你们的婚礼准备怎么办呢？"

小王不好意思地说："依我的意见，简单点，可是丈母娘说，她就只有这个独生女……"主任说："哦，咱们单位还有小李、小张都是独生女。"这段话双方都用了隐语。小王的意思是婚礼不得不办。而主任则暗示：别人也是独生女，但能新事新办。

有许多时候，我们往往会遇到不便直言之事，只好用隐约闪烁之词来暗示。一位顾客坐在一家高级餐馆的桌旁，把餐巾系在脖子上。这种不文雅的举动很是让其他顾客反感。经理叫来一位侍者说："你让这位绅士懂得，在我们餐馆里，那样做是不允许的。但话要说得尽量含蓄。"

怎么办呢？既要不得罪顾客，又要提醒他。侍者想了想，走过去很有礼貌地问了那位顾客一句话，说："先生，你是刮胡子呢，还是理发？"话音刚落，那位顾客立即意识到自己的失礼，赶快取下了餐巾。

侍者没有直接指出客人有失体统之处，而是拐弯抹角地问了两件与餐馆毫不相干的事。表面看来，似乎是侍者问错，但实际上正是通过这种风牛马不相及的事情来提醒这位顾客，即使顾客意识到自己的失礼之处，又做到礼貌周到，不伤面子。这就是委婉的妙用。

模糊式批评。

某单位为整顿劳动纪律，召开员工大会，会上领导说："最近一段时间，我们单位的纪律总的是好的，但也有个别同志表现较差，有的迟到早退，也有的上班吹牛谈天……"这里，用了不少模糊语言："最近一段时间""总的""个别""有的""也有的"等。这样既照顾了面子，又指出了问题。他没有指名实际上又指名，并且说话又具有某种弹性。通常这种说法比直接点名批评效果更好。

安慰式批评。

年轻的莫泊桑向著名作家布耶和福楼拜请教诗歌创作。两位大师一边听莫泊桑朗读诗作，一边喝香槟酒。布耶听完说：

"你这首诗，句子虽然疙里疙瘩，像块牛蹄筋，不过我读过比这还坏的诗。这首诗就像这杯香槟酒，勉强还能喝下。"这个批评虽严厉，但有余地，给了对方一些安慰。

渐进式批评。

渐进式批评就是逐渐输出批评信息，有层次地进行批评。这样可以使被批评者对批评逐渐适应，逐步接受，不至于一下子"谈崩"，或因受批评背上沉重的思想包袱。

1949年9月，陈毅作为上海市市长到北京参加政协会议，由于住房紧张，他主动从豪华的北京饭店搬出来，把房子让给傅作义将军，自己住进了陈旧的小平房。他还代表上海市赠给傅作义两辆名牌小汽车。这在部队引起很多议论，说："像这样的大战犯，凭什么腾房子，送汽车？"陈毅听到后，在一次会议上批评这些同志说：

"同志们，我的老兄老弟们，要我陈毅怎么讲你们才懂啊！我陈毅不住北京饭店，照样上班，照样骂人！他可就不一样了！你们知道不知道，傅先生到电台讲了半小时话，长沙那边就起义了两个军！为我军减少了很大伤亡！让傅先生住了北京饭店，有了小汽车，他就会感到共产党是真心要做朋友的。"他越说越冒火，用手指敲着桌子说："我把北京饭店让给你住，再送你十辆小汽车，你能起义两个军？怎么不吭声呢？"

他的火气出完了，又心平气和地说："我们是共产党嘛，要有太平洋那样的胸怀和气量咧，不要长一副周瑜的细肚肠！依我看，你想把中国的事情办好，还是那句老话，团结的朋友越多越有希望！"

在这段批评中，陈毅先是摆出事实，让战士们了解傅作义将军所作的贡献，然后表明自己的态度与观点，接下来细讲道理，对这样的批评，大家听后，不但没有怨气，反倒觉得一身轻松。

生活中，要理解人们的合理需要，爱护人的自尊心，只有这样才能把话说到别人心坎里去。如果不能根据交际对象的心理，选择恰当的语言形式，话一出口先挫伤他人的自尊心，必然引起对方的不快，甚至争吵。

试想，售票员请人让座时说："那么大小伙子一点也不自觉。"在劝女同志道谢时说："别人给你让座，你也不知道说个谢"，后果会如何呢？

在批评人时，最关键的是克制"我"的情绪。

在批评之前你首先要观察自己，你觉得自己的心情紧张吗？对对方心存不满吗？把你的感受——愤怒、埋怨、责怪、嫉妒等先清理一下是有好处的。

有经验的批评家认为，在开口批评人家之前，先检讨一下自己所持的是什么态度，是积极的还是消极的？情绪不好是很难掩饰的，而这种情绪有极强的传染力。一旦对方感觉到这一点，立刻会激起同样的情绪，立即会抛开你的批评内容，计较起态度，这种互为影响的情绪会把批评带人僵局。因此智者不可不虑。

奥斯特洛夫斯基说过："批评，这是正常的血液循环，没有它就不免有停滞和生病的现象。"我们每一个人都不是生活在真空里，就像我们身上要沾染许多病菌一样，在我们的思想意识和言谈行为上，也会不可避免地出现一些缺点、错误，积极开展批评，才能使我们保持身心健康。但是，在开展批评时，一定要讲究方式、方法，这里也要有艺术性。否则难以达到预期效果。

7. 有毒的话，高情商的人从来不说

有毒的话是可以传染的，快乐可以传染快乐，愤怒可以传染愤怒，悲伤可以传染悲伤，不愉快的情绪就好像传染性病毒一样，不仅可以使自己发病，而且可以传染给和自己接触的人，使他们也变成和自己一样的病人。

鉴于恶劣情绪的巨大传染性，当我们自己处于不愉快时，千万不要把它表现出来，特别是那些团体中的核心和领导，他们一个人的坏情绪往往会传染给整个团体，从而影响团体的发展。

小王是一家公司的部门经理，学历高，工作能力强，他率领本部门在公司的发展中作出了很大的贡献。在竞聘公司的副总经理时，感觉良好的他却败下阵来。竞聘的失败，给他带来巨大的心理落差，他感觉自己没有被重用，对公司产生了强烈的不满，整天一副郁郁不得志的样子。在工作中，他经常情绪低落，怨天尤人，在与下属的交谈中，常常发牢骚，说什么在公司的这种体制下，干得再好也没有用。小王这么一说，本来生龙活虎的团队变得拖沓懒散，人人工作都提不起精神，碰到问题只会找客观原因为自己开脱，工作业绩江河日下。结果，在下一轮的人事调动中，小王连部门经理的职位也没有保住。

处于领导位置的人，他们的一言一行，一举一动都会对属下产生很大的影响，他们有毒的话传染性特别大。有一种说法，每一个人都会和250个人有比较密切的关系，这也是一个庞大的数字，如果我们把自己的有毒的话传给他们，他们每个人再去传染给250人，这是多么可怕的事情。如果我们把自己的有毒的话传给别人，对社会的负面影响是非常大的。所以，控制有毒的话，值得我们每个人重视。

给我滚！就当我没有你这样的儿子！

你以为你是谁，你可是我养大的！

妈妈不要你这种不听话的孩子，现在马上给我滚出去！

你简直一无是处！

你很讨厌！

养个你这样的孩子，我真是倒了八辈子的霉！

你可是我养大的，有本事别让你老子养着你呀！

……

父母动怒的时候，往往口无遮拦。因为是对自己的孩子，觉得有资格骂，所以多难听的话都能说出来。有时觉得说得越难听，越能提醒孩子注意。哪里想到，许多话是有严重后果的，绝对不能说出口。上面列出的，可是禁语中的禁语啊。

一个人最重要的是什么？是尊严！如果连自尊也随便被践踏，他还算一个独立的人吗？孩子虽小，但一样有生存的权利、做人的尊严。忽略孩子的基本权利，这样的父母是不合格的。

很多父母可能会说："孩子是我生我养的，我怎么不能说他？"没错，是你给了孩子生命，给了他生存的保障，但是生他是你自愿的，养他是你的责任。孩子不是你的附属品，也不是你的奴隶，你有什么权利剥夺孩子的尊严呢？

静下心来想一下，如果你在父母的辱骂中成长，你会是什么心情？如果你曾经有过被践踏自尊的痛苦，那么不要再把这种痛苦加在你的孩子身上。

自信、自立的基础是自尊。一个在羞辱中长大的孩子，他的自尊是残缺的，他的内心是自卑的，将来，他如何有信心面对生活和事业？一个从小失去尊严的孩子，长大后会堂堂正正做人，抬起头来走路吗？如果你不希望你的孩子将来像奴隶一样，那么就把自尊还给他！

他是你的孩子，但是你无权伤害。

话说回来，孩子犯再大的错，也不必用恶毒和刻薄的言语去责备，好像要一句话置孩子于死地一样。况且很多时候，并不是孩子的错，而不过是做父母的自己心情不好，迁怒于孩子。

"你不想想是谁给你饭吃！"

"给我记着，你是老子养大的！"

听听这话吧，简直就是一种"威胁"。孩子听到，心里会怎么想？也许他还没有关于"自尊"意识，可是这话会让他感到自己是个没用的人，是个累赘，可又无力改变这个现实。这种矛盾的心理会让孩子惶恐和无所适从。这样的情绪压抑得太久，必定会化为愤怒，总有一天会爆发出来。那时，很可能会有严重的后果了

有些孩子太小，也许就乖乖顺从了父母，但并不表示他认同了父母的话，而是因为内心的恐惧，害怕被父母抛弃。在这样的心理压力下，孩子很难健康成长。

事实上，未成年的孩子被父母抚养，是父母的责任和义务，父母却把它当作是一种负担，当作一种向孩子炫耀和示威的借口。这种行为很可耻！想想，谁不是由自己的父母抚养成人的？

"滚吧，滚吧，滚得越远越好！"

这句话也是很多父母的"口头禅"。一不顺心，就让孩子"滚"。当自己的孩子是什么东西呀？如此简单一个字，你想想，有多少侮辱、蔑视和嘲讽的成分？对于一个孩子来说，这样的责骂不是太过分了吗？

还有的孩子比较黏人一点，有时喜欢赖着父母。这个时候家长不耐烦了，就会一把推开孩子说："你知不知道，你很讨厌！"你不愿意陪着孩子玩也就罢了，为什么还要说这样的话来伤害他的自尊心？这会令孩子因为父母厌恶自己而忧虑。他未必知道父母讨厌自己什么，也不懂分析父母只是不喜欢他黏人这个行为，而非讨厌他本人。如果父母不加以解释，就会在孩子心里留下阴影。

小孩子往往依靠父母来知道自己是什么样的人，能成为什么样的人，从父母那里获得关于人和人生的认识，所以父母给予孩子信心和信赖，非常重要。可是父母们却经常说许多贬损和否定的话，而从来意识不到它的伤害和严重后果，这是多么让人担忧啊！

如果你希望你的孩子将来有出息，那就谨慎自己的言辞吧。贬损的话，一句也别说。时刻记住：孩子是你的，但是你无权伤害。

在人际交流中，我们也要记住——千万别伤他人的自尊心。交往中的话语贵在让人觉得高兴，如果人家觉得难以忍受，不仅事没办成，而且人与人的关系会更糟。因此，了解内心，让人内心清爽愉悦是说话的关键。

俗话说："人要脸，树要皮。"所谓"脸"，就是人的自尊。人如果没有了自尊，那便无药可救了。没有自尊的人有两种情况：一种是自己失去的，一种是叫人给毁伤的。对前一种人，领导者所做的努力或许很少，但后一种情况，当领导的却要千万注意。不少人的自尊心恰恰是被领导者毁伤的。

有些人由于工作上能力较差，时常做不好事情，反而给人添麻烦，于是每个单位都想将他调走，但似乎又没有地方肯接纳他。有的领导便会对人说："他要是能调走，我磕头都愿意！"这种话便是伤人自尊心的。请看下面这则恶语拒绝，毁掉同学情的故事：

周末，高一班的小兰想去邮局取一个包裹，考虑到邮局离学校比较远，怕耽误过多时间，小兰就向有自行车的同学张凯去借。他得体地表达了自己的想法后，不想却遭到张凯的严辞拒绝：拉倒吧你，我的自行车又不是公共用品，整天你骑他借的。自行车是我花钱买来的，凭什么整天为别人服务？你想骑？去别处借吧！"

他的话像一根根刺，一下子扎在小兰的心上，把他气得鼻子都歪了："张凯，你不借就不借，说那么多风凉话干吗？你嫌别人骑你的车，你心疼我理解，但我这是第一次向你借东西，你不能把恶气都撒我身上吧？"张凯脸红了起来，虽理屈词穷但还强词夺理："我就是不借给你，你能把我怎么着？哼，借给谁也不借给你！""你……"小兰气得七窍生烟，"以后我再理你我就不是人！"说完，拂袖而去：

同学们在日常的学习生活中总免不了要互通有无，这时候拒绝是经常会碰到的情形。上例中，张凯因心疼自己的自行车被同学们骑而拒绝前来借车的小兰，这种拒绝也是可以理解的，但遗憾的是，由于他的话说得刻薄而过激，导致了同学之间感情的破裂，什么"我的自行车又不是公共用品"，"自行车是我花钱买来的，凭什么整天为别人服务？""借给谁也不借给你！"等等，怎能不刺伤同学的自尊心，伤害同学之间的感情？

有的人本身并不低能，但因为做错了事，也会引得某些人说出伤他自尊心的话来。比如："你是什么东西？"或者说："你这种家伙，成事不足，败事有余！"这种话一出口，不是叫人心灰意冷，就是引起大吵大闹。

调查研究表明：凡是自尊心很强的人，不论在什么岗位上，都会尽自己的努力而不甘落后于人。明智的人要保护他人的自尊心，还要想方设法加强他人的自尊心。比如，注意礼貌，让他们充分体会到自己作为一个人与他人在人格上是平等的；或使用适当的褒奖，让他们有荣誉感等。

自尊心受到毁伤的程度是不同的，有的属于局部的，就是说，被害者的自尊心并未完全失去，他还能感觉到自己受了伤害，这样他就必然记住伤害他的人，对之产生反感、厌憎乃至仇恨。

如果这个人是他的领导的话，他要么积极地谋划调离本单位，要么便采取"不合作主义"。只要是你说的话，你下的指示，他都不会尽心尽力、心甘情愿地去办。这样，怎么可能把工作搞好呢？

另一类是全部的，就是说，被害者已经全然失去了自尊。他甚至感觉不到什么叫自尊心受伤害。他自暴自弃，自甘堕落，什么乌七八糟的事都干。

伤人自尊心是说话的大忌，在你心情不好的时候，尤其要注意维护别人的自尊。只有让被求者心里美滋滋的，人家才能真心实意为你说话。

8. 你的欣赏，请务必让他知道

世界是一个整体，但认识世界的人却只是一个局部。我们每个人都只从一个或几个角度认识世界，因为社会学的社会角度看世界，学艺术的从艺术的角度世界，如此等等，世界上数千门学科，把我们每个人都切割成了分裂的人，局部的人。因此，几乎可以说，我们人人都是带有偏见的人，我们所说的话，几乎都是带有偏见的话。

由此可知，在人与人交流中，在一个团队内，一个组织中，当要对某一件事发表看法时，自然就会见解各异了。那么，究竟谁对谁错呢？

世界没有对与错，只是角度不同而已，只是得失不同而已。如果生活中，工作中出现了不同的意见，在取舍之前，我们应该多一些包容，多一些理解。

对不同的意见，不同的看法，与传统的东西有差异的观点，千万不要草率下结论，也不要急急慌慌做结论，尤其是不能将不同观点一棍子打死。

对不同说法，要做到宽厚、宽容和宽松。三个"宽"字，提出一个问题，就是：对于不同的说法多一点宽容，对不同的人多一点宽厚，对不同的事要多一点宽松、多一点弹性。

我们在多种意见面前不要只有对与错，不要只从自己角度考虑，更不要伤及不同意见的人。如果一定要各执己见，那也得认同和允许别人各执己见，否则，就会造成新的冲突。

欣赏就是赏识，欣赏就是领略。欣赏就是视线之内的一份美好。欣赏别人是一种尊重，被别人欣赏是一种承认。无人欣赏则为一种大不幸。如果一颦一笑一招一式都有人欣赏，那孟浩然就不会发出"欲取鸣琴弹，恨无知音赏"的慨叹了。

鸟啼而欣然，花落而自得。可见任何地方都有真正的妙境，任何事物都有真正的玄机。欣赏高山，自会在高山的巍峨中找到强悍和凝重；欣赏大河，自会在大河的澎湃中感悟到气度与洗礼；欣赏大树，自会在大树的伟岸中获得自立与尊严；欣赏小草，自会在小草的葳蕤中汲取执着与希望。

欣赏不同于好奇，需要有一双睿智而又真诚的眼睛；欣赏不同于猎艳，需要具备艺术的敏锐心灵，需要那份澄澈境界的雄阔。欣赏是人生的阶梯，会产生奇妙无比的效果。欣赏更需要慧眼独具，角度不凡。正如明代学者洪应明所言：雨余观山色，景象便觉新妍，夜静听钟声，音响尤为清越。

一个碌碌无为的浅薄者，是没有欣赏可言的。

懂得欣赏他人，是一种做人的美德和智慧。人上一百，形形色色。人生活在社会中，彼此之间难免存在利益的差别、思想的分歧，但更具有一致的目标、相通的感情，更需要相互的支撑、相互的理解。

尺有所短，寸有所长。在一个人的周围，无论是上级、同事，还是下属、朋友，都有可以欣赏的亮点，都有可以学习的地方。所谓三人行，必有我师焉，说的就是这个道理。

富兰克林说：我成功的秘诀是，从不说别人的坏话，只说别人的好处。

培根说：欣赏者心中有朝霞、露珠和常年盛开的花朵。胸怀宽广、虚怀若谷的人，才能懂得欣赏他人。懂得欣赏他人，就是知道尊重和关爱他人，知道看到他人的长处。有一则故事很能说明欣赏的力量。

有一个富翁，由于他特别喜受吃烤鸭，于是重金聘了一个精研烤鸭的大厨师，每天为他烤一只鸭。大厨师名不虚传，每天烤出的鸭，香喷可口，不过却只有一条腿。富翁觉得很奇怪，但碍于身份也不便过问。过了一星期，每烤出来的鸭，还只有一条腿，富翁实在忍不住了，他叫出厨师。

富翁问道：你所烤的鸭为什么都只有一条腿呢？另外一条腿跑到那里去了呢？

厨师答道：哎呀！你弄错了，鸭子本来就只有一条腿啊！不信的话，我带你去看看。

于是，厨师带着富翁到后院。这时，鸭子因天气热，缩了一足在树阴下站着休息。

厨师说：你看！鸭子都只有一条腿啊！

富翁气不过，立刻双掌用力拍了几下，掌声惊动鸭群，伸出了另一足，纷纷走避。

富翁说：你看！鸭子都有两条脚啊！

厨师答道：是的！如果你早鼓掌的话，那鸭子老早就是两条腿了。

千万别像富翁那样，吝于鼓掌，否则你吃到的烤鸭，很可能永远只有一条腿啊！

一个人懂得欣赏别人，在把慰藉和力量给了他人的同时，也把激励和鞭策给了自己。因为在欣赏他人的过程中，自己往往也能以人为镜，看出不足，找出差距，从而不断提高素质能力和修养水平。

懂得欣赏他人，有利于形成融洽和谐的人际关系。一个人希望得到他人欣赏，并不等于图虚荣、好面子；一个人懂得欣赏他人，也不是不顾事实、只唱赞歌。真正的欣赏是真诚和善意的流露，是理解和尊重的体现。这样的欣赏，给人以温暖和关怀，有利于激励人们施展才干、发挥才智，有利于增进人与人之间的信任和感情。俗话说看人长处，可以相处。

许多事实证明，发自内心的欣赏比劈头盖脸的训斥更起作用。一个人如果把同行视为冤家，看他人一无是处，他是伤疤我是花，我最美丽他很差，往往会引起摩擦和冲突，最终自己也将难有大的作为。只有学会欣赏他人，以诚待人，学人之长，才能营造出融洽和谐的人际关系，从而集中精力干事创业。

世界是丰富多彩的，欣赏良辰美景愉悦人们的心灵，欣赏精品佳作提升人生的境界。其实，人与人之间更需要欣赏，欣赏给人们带来无穷的力量。得到他人的欣赏，就是得到他人的鼓励，自然会感到幸福和快慰。

爱人者人必爱之，懂得欣赏他人，自己也必然收获友谊和快乐。在现实社会里，人与人相处是一门学问，一门艺术。懂得欣赏他人，学会欣赏他人，用宽容代替苛求，用鼓励代替指责，人与人之间就会多一分温馨，我们的社会就会多一分和谐。

欣赏别人，就不要吝啬你的赞美之词。林肯说过："每个人都喜欢赞美。"赞美之所以得其殊遇，一在于其"美"字，表明被赞美者有卓然不凡的地方；二在于其"赞"字，表明赞美者友好、热情的待人态度。

人类行为学家约翰·杜威也说："人类本质里最深远的驱策力就是希望具有重要性，希望被赞美。"因此，对于他人的成绩与进步，要肯定，要赞扬，要鼓励。当别人有值得褒奖之处，你应毫不吝啬地给予诚挚的赞许，以使得人们的交往变得和谐而温馨。

可以说，欣赏是友谊的源泉，是一种理想的黏合剂，它不但会把老相识、老朋友团结得更加紧密，而且可以把互不相识的人连在一起。

一句西方谚语说："赞美好比空气，人不能缺少。"推销员对那位女子的赞美是完全真诚的，发自内心的，是她最需要的。事实上，真诚的赞美是最有效的教学方法，也是生活的动力之源。它们的确像是空气，充满我们的汽车轮胎，载着我们在生活的大道上向前飞奔疾驰。

每个人都渴望得到别人和社会的肯定和认可，我们在付出了必要劳动和热情之后，都期待着别人的赞许。那么，把自己需要的东西，首先慷慨地奉献给别人，体现的只能是我们的大方和成熟。

多讲欣赏的话，是对别人的尊重和评价，也是送给别人的最好礼物和报酬，是搞好人际关系的一笔暂时看不到利润的投资。它表达的是我们的一片善心和好意，传递的是你的信任和情感，化解的是你有意无意间与人形成的隔阂和摩擦。对人表示赞许，你何乐而不为呢？

既然欣赏是人际交往的润滑剂，我们就要在和周围人相处的过程中，毫不吝啬地赞扬别人，使赞许动机获得广大而神奇的效用。

现实生活中，一个善于发现别人长处，善于欣赏别人优点的人，绝不是单方面的给予和付出。不知你是否也有这方面的体验，欣赏别人，往往也会激励自己。

第三章

你不是不想努力，只是缺少一点自控力

1. 你的感情和理智需要一位主宰

把你的心智想象成是一座贮存你潜在力量的贮存库，你现在应学习从贮存库中释放适当数量的力量，并将它导引到正确方向，这就是自律的本质。

一个人能达到自律要求后，在其他原则方面必然也会有所进步。自律要求自我认识以及对自己能力的正确评估。同样，如果缺乏自律能力，其他原理也无法真正付诸行动。自律可以说是一条管道，而你为了达到成功目标，所必须表现出来的所有个人力量都会流经这个管道。大多数的人都是先行动再思考行动的后果，自律则要求相反的程序：你应学习"谋定而后动"。

学习这种程序的主要方法，就是控制你的情绪。我们来认识以下14种主要的情绪：

7种消极情绪：恐惧；仇恨；愤怒；贪婪；嫉妒；报复；迷信。

7种积极情绪为：爱；性；希望；信心；同情；乐观；忠诚。

所有这些情绪都是一种心理状态，所以也是你能掌控的对象。你可以想象如果不能控制那些消极情绪，会造成多么大的危险。同样，如果你不能有意识地控制那些积极情绪的话，它们也会造成破坏性的结果。

隐藏在这些情绪里的，是具有爆炸威力的力量。如果你能适当地控制这股力量，它就可能使你获得成就；但如果你任由它自行奔放，它就可能把你扔到失败的深渊之中，使你头破血流。所以，你必须用你的判断力来控制你的情绪，以期你的热忱和欲望不致脱离你的智慧范围而成为脱缰野马。换句话说，你必须约束你自己，以使得你前进的推动力永远受到控制，而且会被导引到正确的管道中。

自律要求以你的理性来平衡你的情绪，也就是说，在你作决定之前，你应学习兼顾你的感情和理性。有时甚至应该排除所有情绪，而只接受理性的一面。

你必须控制并导引你的情绪而非摧毁它，况且摧毁情绪是一件不可能的事情。情绪就像河流一样，你可以筑一道堤防把它挡起来，并在控制和导引之下排放它，但却不能永远抑制它，否则那道堤防迟早会崩溃，并造成大灾难。

你的消极心态同样也可被控制和导引，积极心态和自律可去除其中有害的部分，而使这些消极心态能为目标贡献力量。有的时候，恐惧和生气会激发出更彻底的行动，但是在你释放消极情绪（以及积极情绪）之前，务必要让你的理性为它们做一番检验，缺乏理性的情绪必然是一位可怕的敌人。

是什么力量使得情绪和理性之间能够达到平衡，从而使你的头脑永远保持冷静呢？是意志力或自尊心。自律会教导你的意志力作为理性和情绪的后盾，并强化两者的表现强度。

你的感情和理智都需要一位主宰，而在你的自尊心里就可发现这个主宰。然而，只有你在发挥你的自律精神时，自尊心才会扮演好这个角色。如果没有了自律，你的理智和感情便会随心所欲地进行战争，战争结果当然是你会受到严重的伤害。

2. 你可以先假装对工作有兴趣

烦闷情绪，是产生疲劳的最主要原因之一。

几年前，《心理学学报》上有一篇约瑟夫·巴马克博士的报告，谈到他的一些实验，证明了烦闷会产生疲劳。巴马克博士让一大群学生做了一连串的实验，他知道那些学生对这些实验都没有什么兴趣。其结果呢？所有的学生都觉得很疲倦、打瞌睡、头痛、眼睛疲劳、很容易发脾气，甚至还有几个人觉得胃很不舒服。所有这些是否都是"想象来的"呢？不是的，这些学生做过新陈代谢的实验，经过试验，得出了这样一个结果：一个人感觉烦闷的时候，他的血压和氧化作用，实际上真的会降低。而一旦这个人觉得他的工作有趣的时候，就会使整个新陈代谢立刻加强。

如果我们手头做着一些很有趣、很令人兴奋的事，很少会感到疲倦。比方说，在加拿大洛矶山脉的路易斯湖畔度假，钓了好几天的鲑鱼。跨过很多横倒在地上的树枝，要穿过长得比人还高的树丛，要爬过很多倒下来的老树——可是如此辛苦了8个小时之后，却一点也没有疲倦的感觉。为什么呢？因为非常兴奋，兴致很高，而且觉得自己很有成绩——抓到了6条很大的鲑鱼。可是如果觉得钓鱼是一件很烦闷的事情，那么你想会有什么样的感觉呢？一定会因为在海拔7000英尺的高山上这么来来回回地劳碌奔波而感到筋疲力尽的。即使像登山这类消耗体力的运动，恐怕也没有烦闷的力量大，因为烦闷更容易让你感到疲惫。

爱德华·桑代克是哥伦比亚大学的博士，他在主持一些有关疲劳的实验时，用那些年轻人经常保持感兴趣的方法，使他们的清醒时间差不多达到了一个星期之久。在经过很多次调查研究之后，桑代克博士表示："烦闷是使工作效率减低的唯一真正原因。"

下面是一位打字小姐的故事——这位打字小姐在俄克拉荷马州托沙城的一个石油公司工作。她每个月有几天都得做一件你能想象到的最没意思的工作：填写一份已经印好的有关石油销售的报表，把各种统计数据填在上面。这件工作非常没有意思。她为了提高工作热情，就想出了个办法把它变成一件非常有意思的工作。她是怎样做的呢？她每天跟她自己竞赛。她点出每天早上所填的报表数量，然后尽量在下午去打破前一天的记录。结果怎样呢？她比其他打字小姐要快很多，一下子就把很多没意思的报表填完了。这样做对她有什么好处呢？没有；得到升迁了吗？没有；得到感激了吗？没有；加薪水了吗？也没有。可是她没有使自己烦闷，也没有使自己感觉疲劳，使她能保持很高的兴致，因为她尽最大的努力把一件没有意思的工作变得有意思，她就能节省下更多的体力和精力，即使在她休息的时间，她也能得到同样的快乐。

　　每个小时都跟你自己说一遍，你就可以指引自己去想很多勇敢而快乐的思想，也可以由此得到力量和平静。跟自己多谈值得感谢的事情，你就可以在脑子里充满向上的思想。只要你的想法正确，就能使任何工作不那么讨厌。

　　哈伦·霍华德作过这样一个决定，结果使他的生活完全改变。他把一个很没意思的工作变得很有意思。他的工作确实很无聊——在高中的福利社洗盘子、擦柜台、卖冰淇淋，而其他男孩则在玩球或与女孩子约会。哈伦·霍华德很不喜欢这份工作，但他却不得不做。于是他决定利用这个机会研究冰淇淋是怎么做成的，里面有些什么成分，为什么有些冰淇淋比较好吃。他研究冰淇淋的化学成分，结果他成为了那所高中的化学课程奇才。他对食品化学非常感兴趣，于是进了马萨诸塞州立大学，专门研究食物与营养。后来纽约可可交易所提供了一笔奖金，举行可可和巧克力应用征文比赛，这是一次由所有大学生参加的公开征文比赛，头等奖竟是哈伦·霍华德。

后来，他发现与之相关的工作不太好找，于是他在自己家的地下室开了一间私人实验室。不久之后，当局通过一条新法案：牛奶里面所含的细菌数目必须加以统计。于是哈伦·霍华德就开始为安荷斯城14家牛奶公司统计细菌——为了完成这项工作，他需要再请两位助手。

25年过去了，他怎样了呢？那几位从事食物化学实验工作的先生们都已经退休了，哈伦·霍华德也成为他那一行的领袖人物。而当年从他手里买过冰淇淋的一些同学，却不乏穷困潦倒、失业在家者，有的还责怪政府，说他们一直没有好机会工作。

如果哈伦·霍华德当初没有尽力把一件很没有意思的工作变得有意思的话，恐怕也没有成功的机会。

每个老板都希望自己的员工对工作感兴趣，因为那样他才能赚更多的钱，可是我们且不管老板要什么，你要想想，对自己的工作有兴趣的话，能够对你有什么好处？经常这样提醒自己，这样做可以使你从生活中得到加倍的快乐，因为你每天清醒的时间，有一半以上要花在工作上。如果你在工作上得不到快乐，在别的地方就更难找到快乐了。

时刻提醒自己，对自己的工作感兴趣，就能使你找到快乐。要不停地提醒你自己，对自己的工作感兴趣，就能使你不再忧虑，而最后可能会给你带来升迁或加薪。即使事情的结果没有你想象的那样，至少也可以把你的疲劳减低到最低程度，使自己的精力更加充沛。

3. 过好每一个真实的今天

1871年春天，有一个年轻的生命正充满了各种忧虑：担心毕业以后该到哪里去、担心怎样通过期末考试、怎样才能生活、怎样才能开业等。有一天他看到一本书，读到了一句对他前途产生莫大影响的话。这使他顿时高兴起来，他是蒙特瑞综合医院的医科学生威廉·奥斯勒。

在1871年，威廉·奥斯勒所看到的那一句话，使他成为他那一代最为著名的医学家，促使他创建了全世界知名的约翰·霍普金斯医学院，并且成为牛津大学医学院的钦定讲座教授——这是在英国学医的人所获得的最高荣誉，还被英国国王封为爵士。可以说，他无忧无虑地过完了他的一生。

那么，他在1871年春天所看到的那句话是什么呢？其实，这句话出自汤玛士·卡莱里："对我们来说最重要的，就是不要看远方模糊的事，而要做手边清楚的事。"

　　42年之后，在郁金香开满校园的一个温和的春夜，威廉·奥斯勒爵士给耶鲁大学的学生作了一次演讲。他对学生们说，像他这样一位曾在四所大学当过教授，并且写过一本很受欢迎的书的人，似乎应该有一颗"特殊的头脑"，但事实并不是这样。他说他的一些好朋友都知道，他的脑筋是"最普通不过了"。

　　然而，他成功的秘诀到底是什么呢？威廉·奥斯勒爵士认为这完全是因为他生活在"一个完全独立的今天"。他这句话是什么意思呢？就在奥斯勒爵士去耶鲁大学演讲的几个月之前，他搭乘一艘大型海轮横渡大西洋，有一次看见船长站在船舵室中，按下一个按钮，立即听到发出一阵机械运转的声音，轮船的几个部分立刻彼此隔绝开来，成了几个完全防水的隔离舱。

　　奥斯勒爵士对那些耶鲁大学的学生说：

　　你们每个人的组织都要比那条大海轮精美得多，所要走的航程也更远得多。你们也必须学习那位船长，知道怎样控制一切，你们要活在一个"完全独立的今天"，这才是在航程中确保安全的最好方法。到船舱室去，你将会发现那些大的隔离舱至少都可以使用。按下按钮，用铁门把过去隔断——隔断已经过去的那些昨天；再按下另一个按钮，用铁门把未来也隔断，隔断那些尚未到来的明天。然后你就保险了，可以生活在"和别的日子完全隔绝的今天"。要时刻记住："你有的是今天，切断过去，埋葬掉已逝的过去，切断那些会把傻瓜引到死亡之路的昨天。明天的重担加上昨天的重担会成为今天最大的障碍，要把未来和过去都紧紧地关在门外，记住你只有今天，未来就在于今天，没有明天这个东西。人类得到救赎的日子也就是现在。精神的郁闷、精力的浪费，都会紧紧跟随着一个为未来担忧的人。把船前船后的隔离舱都关掉吧，准备养成一个良好习惯，生活在'完全独立的今天'。

当然，奥斯勒博士不是要求我们不必为明天而学习。他的意思是说，为明日做准备的最好方法，就是集中你所有的智慧和热诚，把今天的工作做得尽善尽美，这就是你能应对未来的唯一方法。

总之，一切都告诉我们，一定要为明天着想，一定要仔细地考虑、计划和准备，但不要担忧。

最近，我很荣幸地访问了世界上最著名的《纽约时报》的发行人亚瑟·苏兹柏格。苏兹柏格先生告诉我，当第二次世界大战的战火燃烧到欧洲时他非常吃惊，对未来充满了忧虑，使得他几乎无法入睡。他会常常在半夜爬起来，拿着画布和颜料，对着镜子，想给自己画一张自画像。尽管他对绘画一无所知，但他还是画着，以此来稳定自己的情绪。苏兹柏格先生说，他因为一首赞美诗里的一段话才消除了他的忧虑，得到了平安的。这段话是：

"只要一步就好了。

指引我，仁慈的灯光……

请你常在我身旁，我并不想看到远方的风景，

只要一步就好了。"

这个"一步"，就是今天，现在所需要做的。

每个人在目前的这一瞬间，都站在两个永恒的交叉点上——这个点已经永远地过去了，并且延伸到了无穷无尽的未来。但是，我们都不可能生活在这两个永恒之中，哪怕是一秒钟都不行。如果我们想那样做的话，就会毁掉自己的身体和精神。我们要满足于目前所生活的这一刻。从现在起直到我们上床，不论任务有多重，每个人都能支撑到夜晚的来临，不论工作有多么辛苦，每个人都能干好他那一天的工作，每个人都能很耐心、很甜美、很可爱而且很纯洁地活到太阳下山，这就是

生命的真谛。

当然，人性中最可悲的一件事，就是我们所有的人都拖延着不去生活，都梦想着在天边有一座奇妙的玫瑰园，而不能欣赏今天就开放在我们窗口的玫瑰花。

"这里的规矩是，明天可以吃果酱，昨天可以吃果酱，但今天不能吃果酱。"这是白雪皇后所说的。我们大多数人也是这样：为昨天的果酱发愁，为明天的果酱发愁，却不会把今天的果酱厚厚地涂抹在我们正在吃的面包上。

就连法国伟大的哲学家蒙坦，也曾犯过同样的错误，他说："在我的生活中，曾充满了可怕的不幸，而那些不幸以前大部分从来没有发生过。"我的生活和你的生活，也都是如此。

但丁说："想一想，这一天永远不会再来了。"生命正在以令人难以置信的速度飞速流逝，我们在空间上正在以每秒19英里的速度跑过，但今天才是我们最值得珍惜的，也是我们唯一能真正把握的时间。所以，对于如何掌控你的人生，你应该知道的第一件事就是，要学习威廉·奥斯勒爵士"用铁门把过去和未来隔断，生活在完全独立的今天"。

4. 你没有鞋，别人可能没有脚

在这个世界上，人可以分为两种：悲观的人和乐观的人。悲观的人，态度消极；乐观的人，态度积极。面对生活，悲观的人总是看到失望，甚至是绝望；相反，乐观的人却总是在失望中找到最后的一线希望。下面这个故事可以帮助你更加明晰悲观和乐观的意义。

一位父亲欲对孪生兄弟做"性格改造"。一天，他买了许多色泽鲜艳的玩具给一个孩子，又把另一个孩子送进了一间堆满马粪的车库里。

第二天清晨，父亲看到得到玩具的孩子正泣不成声，便问："为什么不玩那些新玩具呢？"

"玩了就会坏的。"孩子仍在哭泣。

父亲叹了口气，走进车库，却发现那个被关在车库里的孩子正兴高采烈地在马粪里掏东西。"告诉你，爸爸，"那孩子得意洋洋地向父亲宣称，"我想马粪堆里一定还藏着一匹小马呢！"

事实上，人所处的环境和自身的遭遇无所谓好坏，问题的关键在于你如何去想。悲观的人和乐观的人的差别恰恰在于对待事情的不同看法上。

一位心理学家曾经做过一个试验，他让一批学生打电话给陌生人，让他们为某赈灾机构捐款。当他们打了一两次电话而毫无结果的时候，悲观的学生说："我干不了这事。"乐观学生则说："我要换个法儿去试试。"这位心理学家认为：如果感到失望，那他就不会去掌握获得成功所必需的技能。

乐观的人会自信满满地面对每一天，就算出差错时，他们也总是尽力寻找原因，及时补救。在他们看来，成功应归功于自己的努力；而悲观者则是一味地抱怨，为自己寻找开脱的理由："我的运气不好""我没有一个好爸爸"……久而久之，对自己也产生了怀疑："我不太精明""我不够漂亮""我不够好""谁谁都比我强"等等，把自己的成功视为一种侥幸。

有些人年纪轻轻，却显得非常苍老，因为他们整天愁眉不展，从来不会体会生活中的快乐；而有些人年纪已经很大了，却有一个很好的心态，整天容光焕发。乐观、豁达的胸怀能够使人精神抖擞，充满活力，不管是老人还是年轻人。所以，一个人的心态和年龄的大小没有关系。

伟人们大多具有乐观的心态和宽阔的胸怀，无论走到哪里，这种精神都影响着每一个人。约翰·马尔科姆爵士去印度军营之前，那里死气沉沉的，士兵们都很颓废，没有一点活力。正是他的到来，让那里重新阳光明媚。士兵们描述道："马尔科姆身上有一股强大的力量，他就像一束耀眼的阳光，把整个军营都照亮了。他使我们重新振作精神，以一个快乐的心态面对明天。"

埃德蒙·伯克也是一个非常乐观的人，他的生活充满了欢乐。有一次，他到约苏阿·雷诺兹爵士家里做客。吃饭的时候，讨论的话题是：酒和一个人的性格到底有什么关系。

"我认为，男士在年少时适合喝红葡萄酒，成年之后，就应该喝白葡萄酒，而英雄们应该喝白兰地。"约翰笑着说。

"说得很好。我很希望自己是一个长不大的孩子，那时候无忧无虑，非常快乐。我觉得我应该喝红葡萄酒。"伯克说。

如果一个人悲观失望，成天垂头丧气，无精打采，你能想象他冒风险，顶压力，克服种种困难，做出某种成绩来吗？你难得看到他眉飞色舞的样子，更别指望他能感染旁人。可能他按部就班，很难出大错，但他绝不会是做到最好的一个。

一个人具有豁达、豪爽的胸怀，才会生活得更加快乐。只有心情舒畅了，心态才会更加年轻。那些整天皱眉不展、处事死板、斤斤计较的年轻人，是不可能感受到生活中的幸福和快乐的。他们虽然具有年轻人的外表，但是年轻人的朝气早已流逝。

对于未老先衰的人，歌德说："年轻人，你为什么这么古板吗？换一种方法解决问题不是很好吗？我觉得你的行为非常愚蠢。你真的很可怜。"而那些活力四射、精神抖擞的年轻人，歌德见到他们后，则非常开心，称赞他们是未来的希望。

悲观是成功道路上的有害细菌，不断地繁殖扩散，把人的心灵笼罩在阴影之下，使人失去了进取的动力；而乐观则如同明朗天空中的阳光，给人以无穷无尽的斗志和勇气。所以，别让悲观占据我们的心灵。

5. 别傻了，你不可能什么都得到

这是一个极具诱惑的社会，这是一个欲望膨胀的年代，人们的心里总是塞满着欲望和奢求，追名逐利的现代人，总是奢求穿要高档名牌，吃要山珍海味，住要乡间别墅，行要宝马香车。一切都被欲望支配着。

"贪"的本义指爱财，"婪"的本义指爱食，"贪婪"指贪得无厌，意即对与自己的力量不相称的某一目标过分的欲求。与正常的欲望相比，贪婪没有满足的时候，反而是愈满足，胃口就越大。"天下熙熙，皆为利来。天下攘攘，皆为利往"，人之求利，情理之常，但什么都想要，而且想无本万利，无视等价交换，鲸吞社会与他人财产，就是反常，就有害和有罪了。古人用"贪冒""贪鄙""贪墨"来形容那些贪图钱财、欲望过分的行为，认为是"不洁""不干净""不知足"的。老百姓用"贪官污吏""硕鼠""蛀虫"来讽刺那些贪得无厌的人，可见贪婪是不得人心的。

有些人认为社会是为自己而存在的，天下之物皆为自己所拥有。这种错误的价值观念使得他们"贪婪成性"。有贪婪之心的人，初次伸出黑手时，多有惧怕心理。一旦得手，便喜上心头，每一次侥幸过关对他都会产生一种行为的强化作用，不断刺激着那颗贪婪的心。有些人原来家境贫寒，或者生活中有段坎坷的经历，便觉得社会对自己不公平，一旦其地位、身份上升，就会利用手中的权力向社会索取不义之财，以补偿以往的不足，形成一种补偿心理。还有些人存在着攀比心理，看别人过得比自己好，物质生活比自己富裕，就会更贪婪地索取，以求平衡。

法国杰出的启蒙哲学家卢梭曾对物欲太盛的人作过极为恰当的评价，他说："十岁时被食品、二十岁被恋人、三十岁被快乐、四十岁被野心、五十岁被贪婪所俘虏。人到什么时候才能只追求睿智呢？"的确，人心不能清净，是因为欲望太多，欲望的沟壑永远填不满，人心永不知足，没有家产想家产，有了家产想当官，当了小官想大官，当了大官想成仙……精神上永无宁静，永无快乐。

伟大的作家托尔斯泰曾讲过这样一个故事：有一个人想得到一块土地，地主就对他说，清早，你从这里往外跑，跑一段就插个旗杆，只要你在太阳落山前赶回来，插上旗杆的地都归你。那人就不要命地跑，太阳偏西了还不知足。太阳落山前，他是跑回来了，但人已精疲力竭，摔个跟头就再没起来。于是有人挖了个坑，就地埋了他。牧师在给这个人做祈祷的时候说："一个人要多少土地呢？就这么大。"

人生的许多沮丧都是因为你得不到想要的东西。伊索说得好："许多人想得到更多的东西，却把现在所拥有的也失去了。"这可以说是对贪婪最好的诠释了。

贪婪并非遗传所致，是个人在后天社会环境中受病态文化的影响，形成自私、攫取、不满足的价值观而出现的不正常的行为表现。若欲改正，是可以做到的，具体方法如下所示。

1.20问法

这是一种自我反思法，即自己在纸上连续写出20个"我喜欢……"，写的时候应不假思索，限时20秒钟。待全部写下后，再逐一分析哪些是合理的欲望，哪些是超出能力的过分的欲望，这样就可明确贪婪的对象与范围，最后对造成贪婪心理的原因与危害，自己做较深层的分析。例如，有一个人在纸上连续写下"我喜欢钱""我喜欢很多的钱""我喜欢自己是个有钱人""我喜欢有许多财富""我喜欢过有钱的生活"……写完之后，就要思考一下，自己对钱是否有一些过分的欲望，为什么许多举动都与钱有关。接着往下想，人的生活离不开钱，但这钱应来得正，不能取之不义之财；钱是身外之物，生不能带来，死不能带走，贪婪之心最终会阻碍自己的发展。然后分析自己是否有攀比、补偿、侥幸的心理呢？是不是缺乏正确的人生观、价值观？

2.知足常乐法

一个人对生活的期望不能过高。虽然谁都会有些需求与欲望，但这要与本人的能力及社会条件相符合。每个人的生活有欢乐，也有缺失，不能攀比，俗话说"人比人，气死人""尺有所短，寸有所长""家家都有本难念的经"。心理调适的最好办法就是做到知足常乐，"知足"便不会有非分之想，"常乐"也就能保持心理平衡了。

3.格言自警法

利用格言警句时刻提醒自己，约束自己，不要过于贪婪。

达亦不足贵，穷亦不足悲。其实，人人都有欲望，都想过美满幸福的生活，都希望丰衣足食，这是人之常情。但是，如果把这种欲望变成不正当的欲求，变成无止境的贪婪，那我们就无形中成了欲望的奴隶了。

在欲望的支配下，我们不得不为了权力，为了地位，为了金钱而削尖了脑袋向里钻。我们常常感到自己非常累，但是仍觉得不满足，因为在我们看来，很多人比自己的生活更富足，很多人的权力比自己大。所以我们别无出路，只能硬着头皮往前冲，在无奈中透支着体力、精力与生命。

扪心自问，这样的生活，能不累吗？被欲望沉沉地压着，能不精疲力竭吗？静下心来想一想，有什么目标真的非让我们实现不可，又有什么东西值得我们用宝贵的生命去换取？朋友，让我们斩除过多的欲望吧，将一切欲望减少再减少，从而让真实的欲求浮现。这样，你才会发现真实的、平淡的生活才是最快乐的。拥有这种超然的心境，你就能做起事来，不慌不忙，不躁不乱，井然有序。面对外界的各种变化不惊不惧，不愠不怒，不暴不躁。而对物质引诱，心不动、手不痒。没有小肚鸡肠带来的烦恼，没有功名利禄的拖累。活得轻松，过得自在。白天知足常乐，夜里睡觉安宁，走路感觉踏实，蓦然回首时没有遗憾。

古人云："达亦不足贵，穷亦不足悲。"当年陶渊明荷锄自种，嵇叔康树下苦修，两位虽为贫寒之士，但他们能于利不趋，于色不近，于失不馁，于得不骄。这样的生活，也不失为人生的一种极高境界！

据说，东南亚一带有一种捕捉猴子的方法非常有趣。当地人将一些美味的水果放在箱子里面，再在箱子上开一个小洞，大小刚好让猴子的手伸进去。猴子经不住箱子中水果的诱惑，抓住水果，手就抽不出来，除非它把手中的水果丢下。但大多数猴子恰恰不愿丢掉到手的东西，以致当猎人来到的时候，不需费什么气力，就可以很轻易地捉住它们。

有些时候，人又能比猴子高明多少呢？现实生活中许多人无法抗拒诸如金钱、权力、地位的诱惑，沉迷其中而不能自拔。

诱惑是个美丽的陷阱，落入其中者必将害人害己，无法自救；诱惑又是枚糖衣炮弹，无分辨能力者必定被击中；诱惑还是一种致命的病毒，会侵蚀每一个缺乏免疫力的大脑。

经不住金钱诱惑者，信奉金钱至上，金钱万能。说什么"金钱主宰一切""除了天堂的门，金子可以叩开任何门"，等等。他们视金钱为上帝，不择手段去得到它。他们一边用损坏良心的办法挣钱，一边又用损害健康的方法花钱。钱越多的人，内心的恐惧越深重，他们怕偷、怕抢、怕被绑票。他们时时小心，处处提防，惶惶然不可终日，寝食难安。恐惧的压力造成心理严重失衡，哪里有快乐可言？其实，钱财乃身外之物，生不带来死不带走，应该取之有道，用之有度。金钱也并非万能，健康、友谊、爱情、青春等都无法用金钱购买。金钱是一个很好的奴隶，但却是一个很坏的主人，我们应该做金钱的主人，而不应该沦为它的奴隶。

落入权势诱惑之陷阱者，终日处心积虑，热衷于争权斗势，一朝不慎就会成为权力倾轧的牺牲品，永生不得翻身。结党营私，各树党羽，明争暗斗，机关算尽，到头来，算来算去算进去了自己。过于沉迷权势的人，为了保住自己的"乌纱帽"，处处阿谀奉承，事事言听计从，失去了做人的尊严，更不用说有什么做人的快乐了？

经不住美色诱惑者，流连忘返于脂粉堆中，醉生梦死于石榴裙下。古往今来，不知有多少王侯将相的前程断送在声色之中。君不见，李隆基因为一个杨玉环，终日不理朝政，最终导致权奸作乱，好端端一个"开元盛世"顷刻间土崩瓦解。

吴三桂为了一个陈圆圆，冲冠一怒为红颜，引清兵入关，留下千古骂名。

6. 优秀的人要强大到能够控制自己

据美国哈佛商学院对120位成功人士调查，发现一个共同的规律就是他们都拥有良好的自控力。自控力就是要求一个人要学会自己驾驭自己，能抗拒诱惑，在人生的道路上把握好自己的方向。

杰雷米·边沁说："思想只要能被意志力掌控就能走向幸福。要学会发现事情最好的一面。人们会在许多时候浪费大部分的时间。白天开会的等待中白白流走了大把时间。在晚上人们会因为愉快的事情而兴奋得夜不能寐。思维在散步或休息时一刻也不停歇，这思想可能是有用的，但也可能是无益或是有害的。"

自控力是我们迈向成功的保障。它不仅能让人掌控自己的行为，对于他人的行为，也是能够支配的。我们的生活之路要想更加顺利，克制和自我控制是必需的。它是我们生活大门的钥匙。人们尊重自己时也会表现出对他人的尊敬。

　　这个道理也表现在政坛上。那些在政坛上表现出色的人是凭借自己的性格获得了成功，他们的天赋并不是最重要的因素。那些不会变通，缺乏忍耐精神的人是没有自我控制能力的人。这样不能控制自己的人也是无法征服别人的。在一次主题是"首相该具有的重要素质是什么"的会谈上，皮特先生也参与了进来。有人说："首相最应该拥有雄辩这一素质。"另一个人说道："应该是学问。"接着有人说道："我认为是勤劳。"皮特先生在听后说道："对于以上的意见，我有着不同的看法，我认为一名首相最重要的是要能够忍耐。"他说的忍耐就是自我控制。这种自我控制的能力，他自己就做得很好。对于皮特先生，他的好友乔治·罗斯如此评价道："在我与他的接触中，我从没看过他因什么事情发过火。"人们常用慢性的道德来作为忍耐的注解。皮特先生将他最灵敏的思维、最辉煌的魄力、迅速的行动有机地融合在慢性道德里，他让这些优秀品格成为了一个整体。

　　真正的英雄靠忍耐和自我控制获得完美的品格。这种杰出的忍耐，伟大的汉普顿就拥有过，他的政敌也对他那良好的自我控制能力满怀敬佩之情。在克拉伦敦看来，汉普登生性开朗乐观，对人有礼，给人以如沐春风般的舒适感觉，他是个非常克制的人，很难有什么事可以让他发怒，他心中装满了博爱。他不会吹嘘。他的品质让人找不出毛病。因为这些原因，他的话是能打动人心的。他有着无人能及的魅力。对于自己的情感，他能很好地控制。

在自己的《杂记》中，厄尔·斯坦写道：在英格兰银行，克里斯马斯多年一直处于重要的职位上。早年，他在财政部出任秘书，之后，他也出任过皮特先生的私人和临时秘书。克里斯马斯做人很有礼貌。他在担任职务期间，从未因别人不断地打扰而发过脾气。他在一次比往常更忙的时刻，表现依然沉着，他有条不紊地为一家法院准备着大量的账目，那时，我禁不住问道："先生，你有什么秘诀吗？"他答道："波伊德先生，你应该明白的，我在皮特先生那里工作过，他曾这样教导我：任何情况下都不能发脾气，尤其要注意的是，上班的时候更要学会控制。从早上九点到下午三点，银行里所有的人都会听从这位优秀政治家的话，因此我绝不会在上班时间发脾气。"

汉普登先生是个有着很大影响力的人。他平息了一场愤怒的辩论，全凭敏锐的观察力和温和的话语，把可能出现的暴力冲突消灭在了萌芽状态。

那些杰出人物对自身的言行都会注意自我控制。他们不会说些不合时宜的话，一定都是在深思熟虑之后再开口。可是那些缺乏理智的人就做的很糟糕，他们都会口无遮拦，他们的朋友也会因此而离开。所罗门说："明智的人会用嘴表达自己的心灵，那些愚昧的人，他们的心灵都放在嘴上。"

时常检点自己的言行，这样就能让生活变得幸福。在有些时候，打人都不如无心的恶语严重。"语言就如同一把锋利的匕首。"这是人们耳熟能详的话。"相较于刺刀的伤害来说，语言造成的伤害更加严重。"法国谚语这样说道。对方会因为你刻薄的语言而倍显尴尬。只有具备了极强的自我控制能力，人们才能把这些恶言驱逐出自己的话语。在《家》这本书中，布雷默夫人说道："那些使人伤心难过的话，它们是上天不准许我们说的话。它对人心的伤害远比刀剑更加厉害，它产生的剧烈痛苦，可能会伴随人的一生。"

说话不顾后果的人里也有智商高的人，那些人往往是缺乏耐心，没有自我控制的能力。这些人易于感情用事，思维灵敏但说话刻薄。他们容易受到欢呼和赞美的蛊惑，因此而受到自己夸夸其谈带来的无穷伤害，还有因此产生的后患。那些不能控制嘴巴的人中，还有一些可能被提名的政客。边沁说道："怎样说一句话，这关系着命运或有可能决定着国家的前途。"所以对自己的思想要尽可能的控制住，那些有着尖锐批评观点的文章，最好还是不要去发表。西班牙有句格言，是这样说的："与狮子的利爪相比，一支鹅毛笔会显得更加锋利。"

对于奥利佛·克伦威尔，卡莱尔在谈到他时说道："让人觉得遗憾的是他不会把话藏在心里，他也由此成就不了大事。"对于威廉，他的主要政敌是如此评论的："他的话语里，找不到一句妄自尊大的话语，也找不到一句不负责任的话语。"在这一点上，华盛顿也有着一样的表现，他对自己要说的话极为重视。在进行辩论时，他不会为了寻求短期的胜利而恶意地攻击他人。那些得到大家拥戴和支持的人，他们是明智的人，他们懂得要在适当的时候保持沉默。

一些经历丰富的人会为自己以前的言论后悔，可是他们中绝没有为保持沉默而后悔过的人。毕达哥拉斯说："只有说话有分寸了才可以不再保持沉默。"乔治·赫伯特说道："要是不能说出合适的话语，那么就明智地保持沉默好了。"利·亨特称圣佛朗西斯·德·沙列斯为"绅士圣人"，这位"绅士圣人"说道："把话全部说出来，还不如保持沉默为好，这就如同一道美味的菜品，要是添加了太多调料，这道菜也就毁了。"拉科德尔，这位法国人总会保留一点自己的意见，他会留些话在心里，说完合适的话之后，他就沉默不语了。他说："演说之后保持沉默是最好的选择。"在合适的时候，一个字也能发挥出宝贵的作用。威尔士有段格言说道："那些有福的人，他们口中的舌头就像金子一样宝贵。"

十六世纪的西班牙，有位杰出的诗人叫德·莱昂，他的自我控制能力很优秀。他被宗教法庭关在地牢，在那阴暗的地方待了好几年，原因就是他把《圣经》的一部分翻译成了本国语。他出狱后重新当上教授，成千上万的听众来听他出狱后的第一次演讲，他们都对牢里那些奇闻轶事感兴趣。可是德·莱昂是个明智的人，他没有对宗教法庭发表激烈的谴责，他的演讲都是在柔和的语气下进行。他的演讲只是五年前演讲的延续，他没有涉及其他问题，明快地直达主题。

可是在某些时候，发泄正当的愤慨也是无可指责的。人们会因为见到错误、自私和残忍而心存愤慨，那些卑劣的行为，正义之士是会为此感到愤怒的。佩斯说："我也知道要愤慨，可是坏人只能得意一时，好人还是比坏人要多的。我们应该去支持那些坚定并且拥有力量的人。实话实说，有些话，我也会后悔曾经说过，因此，我也明白，保持沉默是非常重要的行为。"

对错误心知肚明的人，他们都能明辨是非。他们会在激情澎湃时发表热情洋溢的演讲。伊丽莎白·卢卡夫人如此写道："我们在高贵心灵的指引下学会了做人的方法。那就是不欠钱、不贪得利益、不欺骗、不干坏事、不去给心灵造成伤害，让自己的心灵变得自由。"

要想修正狭隘的脾气，就要不停地增加智慧和获取更多的生活经验。人们要想从无谓的纠葛中脱身，具有良好的修养是必需的。那些公正、理智、谨慎和仁慈处理生活中的事务的人，他们都具有良好的修养。他们对人宽厚，懂得克制自己。一个人有多聪明，那他对人就会有多宽厚。

第四章

不逼自己一把，你不知道自己有多强大

1. 人生最强大的对手是自己

人的一生，总是要不断地调整和适应自然环境、社会环境、家庭环境，因此有人形容人生如战场，勇者胜而懦者败。从生到死的生命过程中，所遭遇的许多人、事、物，都是战斗的对象。

莎士比亚曾说："假使我们自己将自己比作泥土，那就真要成为别人践踏的东西了。"其实，别人认为你是哪一种人并不重要，重要的是你是否肯定自己；别人如何打败你，并不是重点，重点是你是否在别人打败你之前，就先输给了自己。很多人失败，通常是输给自己，而不是输给别人。

我们奋斗在人生的旅途中，每一个人都会陷入成功与失败的漩涡中。我们不轻易服输，相信只要自己努力就没有什么战胜不了的。然而，太多的时候，面对恶劣的环境，面对天灾人祸，面对重重的困难和挫折，是我们在心理上首先否定了自己，因而选择了放弃，选择了失败。

奥古斯汀和巴德同时到医院去看病，并且分别拍了x光片，其中巴德原本就生了大病，得了癌症，而奥古斯汀只是做例行的健康检查。

但是由于医生取错了照片，结果给了他们相反的诊断，病况不佳的巴德，听到身体已恢复，满心欢喜，经过一段时间的调养，居然真的完全康复了。而本来没病的奥古斯汀，经过医生的宣判，整天焦虑不安，失去了生存的勇气，意志消沉，抵抗力也跟着减弱，结果还真的生了重病。

周围的人看到这种情景，真是令人哭笑不得。因心理压力而得重病的奥古斯汀是该怨医生还是怨自己？乌斯蒂诺夫曾经说过："自认命中注定逃不出心灵监狱的人，会把布置牢房当作唯一的工作。"奥古斯汀以为自己得了癌症，于是便陷入不治之症的恐慌中，脑子里考虑得更多的是"后事"，哪里还有心思寻开心，结果被自己打败。而真的癌症患者巴德却用乐观的力量战胜了疾病，战胜了自己。

日本忍者的训言中有一则："战胜自己，我便是强者。"这句话的意思是说，当你遇到挫折或身处逆境，都应该顽强拼搏，有战胜困难的自信和勇气，那样的你，就是一个强者，一个谁都打不败的强者。

想想古往今来伟大的人物和那些有建树的人们，哪一个不是对自己信心十足，具有顽强毅力的呢？如果爱迪生因为一次次失败而灰心了，那么他还能成为举世闻名的发明大王吗？如果爱因斯坦因为别人的嘲笑而放弃了自己的信念，那么他还能写出《相对论》，成为诺贝尔物理奖的获得者吗？

这个世界上谁是真正能够打败你的人？唯有你自己。

一支小分队在一次行军中，突然遭到敌人的袭击，混战中，班森和格吉尔冲出了敌人的包围圈，结果却发现进入了沙漠。走至半途，水喝完了，受伤的班森体力不支，需要休息。于是，格吉尔把枪递给班森，再三吩咐："枪里还有五颗子弹，我走后，每隔一小时你就对空鸣放一枪。枪声会指引我前来与你会合。"说完，格吉尔满怀信心找水去了。躺在沙漠中的班森却满腹狐疑：格吉尔能找到水吗？能听到枪声吗？会不会丢下自己这个"包袱"独自离去？

暮色降临的时候，枪里只剩下一颗子弹，而格吉尔还没有回来。受伤的班森确信同伴早已离去，自己只能等待死亡。想象中，沙漠里秃鹰飞来，狠狠地啄瞎了他的眼睛、啄食他的身体……结果，他彻底崩溃了，把最后一颗子弹送给了自己。枪声响过不久，格吉尔提着满壶清水，领着一队骆驼商旅赶来，找到了一具尚有余温的尸体……

班森冲出了敌人的枪林弹雨，却死在了自己的枪口下，让人扼腕叹息之余不免警醒：不要轻易地对生活绝望，只要你不放弃希望，不放弃努力，就有获得重生的机会。

有时，面对困难，我们常常退缩，理由是困难太大；面对竞争，常常逃避，理由是对手太强；面对责任，我们常常推卸，理由是担子太重；面对坎坷，我们常常……不错，人生给我们的太多太多，而我们用以逃避的理由也同样太多太多。我们为什么不敢正视这一切？是因为我们无法战胜自己内心的种种怯弱、担忧、自卑以及恐惧！

人的本性是这样的，人的本性注定我们的内心有许多的不坚强；自己，往往是最可怕的对手，是最无底的洞，是最看不透的迷雾。为了成功，我们必须战胜自己，自己是通往成功的最后一道屏障。

古希腊有一位演说家克里斯汀，起初他由于口吃，常常被对手反驳得无还击之力，而遭到别人的嘲笑。也许，有很多人会说这是他自己的能力无法达到的，放弃才是明智的选择，然而，就是这位演说家，他每天清晨坚持演说，经过不懈的努力，他成为了当时最为著名的演说家。由此可见：天生的不足，别人的嘲笑，以及种种的理由，都不是阻碍你成功的荆棘，唯有你自己为了安稳享乐，为了蝇头小利，为了达到暂时的满足，而放弃了坚持、奋争，才会让你永远地无法超越。

大家都知道海伦，都知道爱迪生，不错，古往今来，无数的成功者都是对"战胜自己"最完美的诠释。如果你还在退缩，请快点明白，战胜自己是如何紧迫；如果你还在犹豫，请看看那胜利者是如何一步步走来；如果你已经在向自己挑战，坚持下去，成功最终会敞开胸怀的！

使人痛苦的原因很多，或者来自感情生活的挫折或不幸；或者来自理想追求的挫折；或者来自丧失亲友的悲痛等等。无论由何种原因引起的痛苦，其共同的情绪体验是，陷入情感上的悲哀、矛盾、忧虑而不能自拔。因此，要消除痛苦的情绪，首先，必须战胜自己。学会劝慰自己，对自己说：让自己陷入痛苦之中，对解决问题无任何益处，相反，会使情绪更糟糕。这样，你就会重新振作起来。

2. 你不会失败，除非你相信自己失败了

有个名人说过："一个人在比较了自己与别人的力量和弱点之后，如果仍然看不出差别的话，那么他将很容易被他的敌人打败。"

穆罕默德·阿里，美国职业拳击运动员，有"拳王"之称。1981年，阿里告别拳坛，1年后，40岁的他被确诊患帕金森氏症，并出现了语言和行动上的障碍。但他永不屈服的精神鼓励他站了起来，并担当了联合国和平大使，经常拖着病体前往战乱与冲突地区，倡导和解，呼吁和平。世人在为这种精神折服的同时，也对是什么一直支撑着阿里，让他有了无数的胜利，而后来又会战胜恐怖的病症感到惊奇。其中的答案在阿里的自述中得到了充分的解释。

在阿里的人生信条中，一直支撑他取得胜利的是这样一句

话："我决不会失败，除非我确信自己已经失败了。"

在无数的拳击比赛中，阿里始终把自己看做是最强大的，只要自己相信自己会胜利，那么，没有人会击败我。这种信念，在他12岁的时候已经形成。

在阿里的自述中有这样一段：

我在12岁的时候是个爱说大话的人，让父母感到很头痛。我穿着"金手套"夹克乱逛，趾高气扬，说大话，进行拳击攻防练习。那时是20世纪50年代，我喜欢说大话，当时在肯塔基州路易斯维尔，人们认为年轻黑人不应该是这样的。

那是在我去摔跤场观看戈尔热·乔治（戈尔热·乔治，美国职业摔跤运动员，将摔跤与表演相结合，成功取得票房佳绩——编者注）表演前后。他当时是个大人物，一位白人摔跤手，更多的时间是在摔跤场上进行表演而不是真正进行摔跤比赛。他着盛装出场，不断地拿观众打趣。"不要弄乱我漂亮的头发，我很可爱。"他一边说一边神气活现地在舞台上走过来走过去。他披着一件很大的红色斗篷，黄色的头发吹得高高的。"不要弄乱我漂亮的头发，"他反复地嚷着，观众则发出一阵阵嘘声。我当时注意到摔跤场里座无虚席。观众嘘得越厉害，他卖出去的票就越多。

我回家后更加趾高气扬，更加自吹自擂，更加爱说大话了。我可怜的父母感到更加不安了。我在对假想的对手练习拳击的时候总爱说："我将成为最出色的拳击手。"直到现在，我自己的公司就叫G.O.A.T.公司，意思是"最出色的"公司。我在12岁时就知道我将成为最出色的拳击手。

在我的每一场业余拳击比赛中，我总是机动防守、猛击对方并最后获胜。我拍着胸脯，吹嘘自己多么出色，我一直都知道，我就是知道，我比戈尔热·乔治可爱得多。我还知道，我能比那个摔跤手卖出更多的票。

我并不孤独，很多同学都参加学校拳击训练，我们总是谈论谁将成为下届拳击冠军。有一位教师认为我是个说大话的人。她看不起我们，好像很讨厌我们这些自信心十足的拳击手。她根本不相信我们的潜力。我一直认为她是那种没有头脑的人。有一天我们正在走廊里比划着拳击姿势，她走过来，眼睛直盯着我说："你永远不会有出息的。"

17岁的时候，我在路易斯维尔戴上了金手套。第二年，我在1960年罗马奥运会上夺得金牌。我成了全世界最出色的拳击手！回家后我做的第一件事情是走进那位教师上课的教室。我问她："还记得你说我永远不会有出息的话吗？"

她看着我，一副吃惊的样子。

"我是世界上最出色的拳击手。"我一边说一边抓着系金牌的绸带在她面前晃动。"我是世界上最出色的拳击手。"说完就把金牌放进口袋，然后头也不回地走出那间教室。那个怀疑我潜力的教师使我发誓要成为最出色的拳击手。我在12岁时就知道我会成为最出色的拳击手。

追忆阿里某些特点，他的生活与言谈给我们启示。他并没有贮藏任何过去的东西——既没有在他的办公室里存留，也没有在他的记忆里保存。他对未来一无设想——既没有考虑他该为别人做些什么，也没有打算让别人为他做些什么。

他曾经说："我决不会失败，除非我确信自己已经失败了。我遇见一些强壮粗野的人，可我在他们面前缺少应变的技巧。他们认为他们已经打败了我。此事公之于众，发表在杂志上。我就以这种方式被打败了，在所有人的眼中失败了，可能就输在十几行不同的报纸消息上。有关我的传说表明我已负债累累，收支亏空很大，并且因此赶走了我的对手。我的国家情况可能不太妙。我们这些人都有些病态，丑恶，卑贱，而且名声不好。我的孩子情况可能会更糟。我看来也在失信于我的朋友和顾客。这就是说，在所有经历过的对抗中，我一直未能真正武装起来，以便对付那场特殊的比赛。于是我被历史击败了。可是我知道，一直知道，我绝没有输给别人，甚至都未曾打过那场比赛。当我的时刻到来之时，我一定会奋起迎战，并且击败对手。"

其实，人生何尝不是如此呢。你的一生会出现无数个对手，他们会用各种方式向你挑战，最终，失败的心理往往是从自己心中开始的。

3. 有时候你需要一点暗示的力量

暗示是一种心理影响，它通过使用语言、手势、表情等，把某种概念或结论输入一个人的大脑，使之不加考虑的接受某种意见或作某件事情。

1.暗示是怎样产生力量的

心理学家和精神分析学家均指出，一旦某种想法进入潜意识思维中，脑细胞就会获得信息，从而留下相应的痕迹；潜意识思维会就你的一生当中所积累起来的知识和想法进行工作，并产生相应的结果。有心理学家曾经对在催眠状态下的人进行试验，发现一旦人们接受了暗示，潜意识思维就会依据暗示的内容作出相应的回应。比如，心理学家告诉一个正处于催眠状态的人，说他就是美国总统华盛顿，或者说他是一只猫、一条狗的话，那么他的个性特征就会发生暂时性的改变——他相信自己是实验者所说的那个人或者动物。同样的道理，如果某个正处于催眠状态的人被告知说他后背上有条毛毛虫，或者说他鼻子正在流血，或者说他正在一个大冰窖里，那么，他的身体就会作出相应的反应，而对自己的实际情况却视而不见。

在一艘行驶在茫茫大海中的航船上，你走近甲板上一个乘客，他看上去一脸紧张。如果这个时候，你对他说："你看上去不大对头啊，你脸色苍白得可怕！我看你一定是晕船了，快回舱休息吧！"那位乘客听到你的话，脸色果然会变得苍白，甚至浑身发抖。显然，你的"晕船"这一暗示发挥了作用，乘客将这一暗示与他素有的恐慌与不祥之感联系了起来。他会接受你的提议，乖乖地回到卧舱里躺下来休息。

当然对于同样的暗示，不同的人可能会作出不同的反应，因为各个人潜意识的状态有所不同。就像刚才举的那个例子，如果你对一个正在甲板上站着的水手说："嘿，老兄，你看起来脸色不太好，是不是晕船了。"对于这样一个消极性的暗示，这位经验丰富的水手肯定会当你是在说笑话。你的暗示也根本不会起什么作用。因为，这个水手从来也没发生过"晕船"的现象。那么你的这个"晕船"的暗示，也就不会给他带来任何恐惧感。所以说，暗示能否真正起作用，全在于当事者的信心与想象程度。

2.消极性暗示是潜在的精神杀手

暗示可以用来训练和控制自我，也可以约束与命令他人。积极性暗示可以给你带来财富和运气，而消极性暗示对于你的思维，却有不同程度的妨碍或者伤害，从而给生活和工作带来无穷的痛苦。其实，大多数人从小开始就接受过消极性暗示。只是不知道该如何摆脱，才使我们在潜意识中，不知不觉的主动接受了这些暗示。

在潜移默化当中，诸如此类的暗示就是你日后生活中的"潜在杀手"。它们将对你的成长产生巨大的影响，不是积极的，而是消极的破坏作用。这些消极暗示，影响着你的日常言行模式，足以使你在个人生活和人际交往中受到挫折。那么，年幼时留存下来的消极暗示，能不能消除呢？答案是肯定的。只要你通过恰当的自我暗示，你就可以走出以往消极性暗示的阴影，纠正错误的生活方式，走出人生理想的生活轨迹。

随便哪一天，只要你拿起一张报纸，看看里面的新闻，你就会发现，几乎每张报纸中总会有一些让人不安的东西，比如哪里出车祸了，哪里发生凶杀案件了……这样的消息在你心中所播种的，多是恐惧、忧虑和不安。如果你这些全部接受的话，那么你头顶上的天空就会布满阴云。所以，你要以健康而积极的自我暗示，让潜意识得到"授意"，驱走头脑中一切悲观而消极的想法。

3.正确运用"自我暗示"

一个刚刚出道的歌手，因被邀请参加某次大型演唱会而事先进行试唱。在这之前，她曾经接到过类似的邀请，但是她去试唱了3次，结果都是因为她紧张，3次均被淘汰。尽管她的嗓音很出众，演唱水平不俗，长相也很好，但她总是担心等到她演唱时，评委会给她亮出最低分。因为她总是担心评委们不喜欢她，虽然自己尽力演唱，但是她总是有这种心理，于是她每次参加试唱的时候就心情焦虑，不知道如何是好。她的潜意识接受了这种消极的自我暗示，并对她的试唱产生了致命的影响，使她屡次遭受挫败。

后来，她听从朋友的意见，来到一家心理诊所，接受治疗。在医师的建议下，她开始运用自我暗示的方法，向恐惧感发起攻击。她把自己关在一个房间里，走到一个带扶手的椅子上，尽量放松心情，让自己的全身都感到很舒适，并慢慢地闭上双眼，均匀的呼吸，逐渐驱走脑中的杂念。这样，她的意识性思维变得驯服了，易于接受自我暗示。她对自己说，"其实，我唱得很好。我很有实力。我可以做到心平气和，非常自信。"按照医生的建议，她每天都重复做这样的练习。一周以后，她就像变了一个人似的，她不再那么焦虑和恐惧，而是沉着和冷静。她不仅在以后的试唱中通过了评委的审查，而且演唱水平也大幅度提高。

暗示的力量是无穷的，只要你能够正确运用它，它就会为你的人生带来幸福和快乐。

4. 你以为的极限，可能只是你的起点

　　为了实现人生的价值，为了塑造美好的人生，我们要着手创造自我。它将是一个从设计到优化和修塑个性的过程，一个开发潜能的过程，一个需要深思熟虑的过程，也是一个毫不轻松的过程。

　　真正成熟的人不会在意短期效益，而是专心于一般人无法追求的远大目标，他们甚至顾及自己的选择对子孙后代的影响。当他们灵敏地警觉自己的无知、力量匮乏和成长极限时，也终不能动摇他们高度的自信心、责任感和使命感。他们为了一个目标，而向自己的身心极限挑战。

　　为了生存，人们要面对诸多的挑战。诸如对恶劣环境的挑战，对疾病的挑战，对竞争的挑战，等等。要在如此种种的竞争中取胜，必须要具备良好的个性。因此我们要向自身的弱

点挑战。

挑战自我并不是盲目的，必须了解自己的个性和周遭环境、人群是否协调。因此，一个系统的设计至关重要，这即是规划自己的目标和远景。目标和远景是什么呢？

简单地说，目标和远景既是一种美好的构思，又是一种召唤及驱使人向前的使命，它们的区别是：目标比较广泛和高远，是具有挑战性和方向性的，即有一定的难度，是必须蹦起来才能摸得着的。可远景是具体的，是具有特定结果的，是一种期望未来的意象，它是目标的进一步实施。目标的定义是：向上，它是信仰，向下，它是意识；向远，它是理想，向近，它是计划；向外，它是抱负，向内，它是责任。在此，目标所指的是信仰、理想、抱负，而远景则指的是意识、责任、计划。这个目标经常特指事业目标，人在制定总目标时需要考虑自己的个性特点，当然为了实现事业目标，在一般情况下也许需要完善自己的个性。目标往往会成为改变个性的源泉。

一个人如果只有目标而无远景，他是一个只喊口号而无行动的人，相反一个人如果只有远景而没有目标，他是一个只看眼前利益的鼠目寸光的人，两者都不能够成为自我创新的人。

人生是由一系列的目标和远景组成的。不一样的时期有不一样的目标和远景，而如果没有目标和远景就会像没有罗盘的帆船航行在大海中，随波逐流，永远不知道会停在哪个码头。

人的潜能可分为身体的潜能和心理的潜能两种。就人的体能而言，奥运会纪录一次次地被打破，是身体潜能的标志。再看看有关兽孩体能的报道：印度七八岁的狼孩奔跑的速度极快，可超越体格健美的男子汉；印度豹孩，奔、转、扑、跳十分灵敏，其速度不亚于真的豹子；法国10岁的海豹孩抗寒能力之强同海豹无异。这些事例表明人为了适应环境，其体能也是无休止的。

人的身高、寿命也同样具有极大潜能。随着生活条件的日益提高，中国青少年的平均身高正在上升，连青春期也已提前至十二三岁了（100多年前，人类的青春期始于十五六岁）。在以前人活70古来稀，如今人活90也常见，这些都是体能之显现。

20世纪下半叶，新西兰、加拿大、以色列及欧洲部分国家的学者，经过研究几乎得出了相同的结论，即人体的智商每10年提高3分。这被叫做"弗来恩"现象。这说明了人体的智力潜能不断得到了开发。当今时代，人体的智商可能提高得更快。

潜能开发在不同年龄段都可以进行，而且人的潜能有别于自然资源。自然资源越用越少，可人的潜能越开发越多，即大脑越用越聪明。

世界上最激动人心的奇迹有很多是遭遇困难而有残疾的人谱写的。如耳聋的贝多芬为世人留下了很多的旷世之作；19世纪轰动世界的英国著名学者海伦·凯勒，她自幼是个全哑、全聋、全盲的女孩，可是，她却获得了英国格拉斯大学颁发的法学博士学位，并且是位受人爱戴的演说家、作家，她曾在欧洲各地演讲，真是不可思议。中国高位截瘫的张海迪也是现实生活中的英雄。这些人给每位健全的人展示了人的潜能是多么巨大而惊人。

对于健全人来说，奇迹更随处可见或可闻。由于因特网的普及和人们重视幼儿教育，"神童"也越来越多了（是不是真正的神童或早慧尚无科学鉴别方法，诸如速算天才，3岁扫盲，7岁学完初二功课，等等）。

随着终身学习的到来，老有所为和老有所学，已成为一种社会风尚。人老心不老，自古有奇迹。例如：老宇航员约翰·格林76岁重上太空。歌德80岁完成名著《浮士德》。丘吉尔85岁举行个人画展。法布尔92岁出版巨著《昆虫记》。名医孙思邈100岁完成30卷巨著《千金方》。

人究竟具有多大的潜能？开发的极限是什么？谁都无法回

答。看来，其实我们每个人都可以活得比现在卓越，因为我们并没有达到自己的人生极限。现代科学显示，一个正常人只运用了全部能力的10％，甚至6％。有人估计人能记忆的东西相当于5亿册书那么多，但通常人们所展示出的记忆力还不及10％；人的想象力也不过展示了15％；人的听觉、嗅觉、视觉等均未得到充分利用；人本应活到150岁，现在平均还活不到70岁。人的很多潜能尚未见过"天日"就又伴随生命的终结而无影无踪了。这不仅仅只是人类的遗憾，更是人类的巨大的悲剧。

随着早期教育的普及和终生学习的推广，人们的心理发育提前，衰老期会推迟，即成熟期延长，日后从小到老每个阶段的潜能都将放出奇光异彩，社会的发展和科学技术将达到空前的发达。人们为了自己的目标和愿景，会不断开发自己的潜能，实现自己的人生价值。

潜能包含两层意义，一层意思即是指潜力。所谓"潜力"，指那些露于外而未发的才力，以智力、能力等来说，你本有歌唱天才，而且你也喜欢，你发现了自己天赋，但你并没有成为一位伟大的歌唱家，而只是"大材小用了"，完全被当做一种业余爱好，甚至从来不敢想自己会成为大歌唱家。这时你的歌唱能力就只能说是一种"潜力"，需要你进一步发掘、发展，才能修成"正果"。潜能的另一含义则是指那些蕴藏于大脑之内尚未开发的那些智慧、智谋、智略等。这层意义上的潜能一般不能为人所知，只有等待日后开发出来，但也许会跟你肉体一起消失，成为一抔黄土。举一个例子，假设还是刚才的那人，他可能具有天生的体育才能，只不过这一才能深藏于大脑之内，任何人包括他自己都无法意识到更不用说发挥这种才能，有潜能而没有发挥出来，就等于没有潜能。因此，潜能要转化为实际的才能，并不是自然而然的，它需要我们去发现自己，设计自己。

5. 想让自己优秀，先要自信起来

行动可以改变一个人的态度，使他由消极转为积极，使原先可能糟糕的一天变成愉快的一天。

当一件事情无论如何不可能做到时，一定要找出问题的核心，面对它的症结所在，一旦克服了它，其他部分就容易解决了。假使你无论如何找不出妥善做法时，应该在"你认为可以"的地方着手。

平时就要养成一种习惯，用自我激励警句"立即行动"对某些小事情做出有效的反应。这样，一旦发生了紧急事件，或者当机会自行到来时，你同样能作出强有力的反应，立即行动起来，而不至于任由机会擦肩而过。

许多人怯于行动，不敢冒险，错过机会，主要是因为他们的内心被忧郁的情绪所占领，不能自拔。

常常将自己从一切烦恼痛苦的环境中挣脱出来，沉浸于和谐、甜美、真实的空气中，这种能力真是无价之宝，假使我们梦想的能力被夺去，恐怕我们中间再没有人能有勇气、有耐心继续战斗下去了。

约翰·华纳马克原本是费城一家零售店的店员。他很早就下是定决心，有朝一日要自己开店。他把这个想法告诉了老板，老板笑他说："天啊！约翰。你的钱还不够买一套西装哪！""没错，"华纳马克说，"我还是要开一家和你一样，甚至更大的店。我一定会做到。"在华纳马克事业最顶峰时，他拥有了规模最大的零售店。

"我没有读过什么书，"几年以后，华纳马克说，"但是我不断地充实必需的知识，就像火车头一样，一边走一边加水。"

记住，一个人只要敢于大胆梦想，并对自己的信念坚定不移，就没有做不到的事情。

善于梦想的力量是人类神圣的遗传。只要你相信你的事业定会成功，一个美好的明天定会到来，那么，创业的艰辛和今天的痛苦对你来说就不算什么。但是应该注意，有了梦想同时还须努力实现。只有梦想而不去努力，徒有愿望而不能拿出力量来实现愿望，那是不能成事的。只有实际的梦想，加上坚韧的工作，才有用处，才能开花结果。

坚强的自信，常常使一些平常人也能够成就神奇的事业，成就那些天分高、能力强但多虑胆小、没有自信的人所不敢尝试的事业。

你成就的大小，往往不会超出你自信心的大小。假如拿破仑没有自信的话，他的军队不会爬过阿尔卑斯山。同样，假如你对自己的能力没有足够的自信，你也不能成就重大的事业。不希求成功、期待成功而能取得成功，是绝不可能的。成功的先决条件，就是自信。

"工欲善其事，必先利其器。"中国人的这句古话是有道理的。聪明的工匠绝不肯使用已经损毁的工具。天下没有一个理发匠，用了迟钝的剪刀而指望其业务的发达；没有一个木匠，用了迟钝的锯凿、斧头，而指望其工作的精良。

有些人有奇伟的天赋，但最终只取得微小的成功，就因为他在无意中损伤了自己的成功机器，就因为他不能供给必要的动力来启动那机器。

自信心是比金钱、权势、家世、亲友等更有用处的东西。它是人生可靠的资本，能使人努力克服困难、障碍，去争取胜利。对事业的成功，它比什么东西都更有效。

假如我们去研究、分析一些有成就的人的奋斗史，我们可以看到，他们在起步时，一定有充分信任自己能力的坚强自信心。他们的心情、意志，坚定到任何困难险阻都不足以使他们怀疑、恐惧的地步，他们也就能所向无敌了。

我们应该有"天生我材必有用"的自信，明白自己立于世，必定有不同于别人的人性和特色，如果我们不能充分发挥并表现自己的个性，这对于世界，对于自己都是一个损失。这种意识，一定可以使我们产生坚定的自信并助我们成功。

6. 把"我做不到"换成"我能做到"

在《秘密》一书中，朗达·拜恩曾经向我们讲述过吸引力法则的神奇力量——改变糟糕境况的最快速的方法就是抛弃负面想法。而生活中，我们要改变负面的想法、消极的情绪其实也很简单，那就是改变自己对人生的看法，用"我能做到"代替"我做不到"。

心理学中有一个著名的实验。心理学家在地上放置了一个20厘米宽的长木板，要求实验参与者在上面行走，这不难是吧？实验者们一一走了过去。随后，心理学家又把实验者带到了一个阴暗房间的小木桥边，这个木桥没有护栏，但是同样是20厘米宽，桥下是看不见深浅的水，而且水中似乎有个大个头的动物正在游来游去。这一次，好几个实验者都拒绝走木桥，唯一一个勇敢者只走了几步，就胆战心惊地退了回来。于是，实验者在木板上行走的愿望、意志乃至事实上的行动，在片刻之间就会发生逆转，可能从木板上掉下来的念头很快就占了上风，他们相信"我做不到"。这种自我暗示的力量是如此强大，它甚至可能逆转你整个人生。

因此，我们要学会告诉自己"我能做到"，只有这样，积极的潜意识才能自主地工作，并发挥力量。不论何时，只要你想要解决的问题得到了解决，你就要记住这种成功后的快感。当你从一场大病中走出，那种难以愉悦的喜悦之情，理应伴随你左右，你要时刻用那些快乐的事情来充满你自己。

许多人其实应该更为成功，但我们在生活中失去很多，因为我们会安于现状，这比我们能取得的一切少得多。一个人在比较了自己与别人的力量和弱点之后，如果仍然看不出差别的话，那么他将很容易被他的敌人打败。

人们常常在自己生活的周围筑起界限，要么就生活在别人强加给他们的局限里。这些局限有些是家人朋友强加的，有些是自己强加的。很多人给自己套上限制，认为在一生中不会超过父母，认为自己反应迟钝，认为缺乏别人拥有的潜能和精力，那么无疑就实现不了一些目标。

如果你是一个习惯于给自己贴标签的人，那么现在开始就戒除这个习惯吧——"我从来都是这样脾气暴躁""我控制不了总是悲观""我不善于交际"，这种态度会加强你的惰性，阻碍成长。因为我们容易把"自我描述"当作自己不求改变的辩护理由；更重要的是，它使得你固守着这样一个荒谬的观念：如果做不好，就不要做。事实上，这些定义用了多次以后，经由心智进入潜意识，你也开始相信自己就是这样，到那时候，你似乎定了型，以后的日子好像注定就是这个样子了。无论何时，你一旦出现那些"逃避"的用语，马上大声纠正自己。

别再说"我做不到"，你要知道每个人都有成功的潜力，都有隐藏的某种才能，这就是心理学家所说的"潜能力"，如果你没有发现自己的潜能力，那么只能说明你从来没有将自己逼到极限过。

在认识到这个世界为每一个人创造了平等的机会之前，让我们先来看一看两个小故事，故事是由世界顶尖潜能大师安东尼·罗宾讲述的：

"我可以跑"。国外有一位以轮椅代步12年的残疾人，名字叫梅尔龙。轮椅上的无尽日子，让梅尔龙暴躁易怒，经常借酒消愁。有一天，他从酒馆出来，照常坐轮椅回家，却碰上三个劫匪，动手抢他的钱包。梅尔龙拼命反抗，并且大声呼救。

愤怒的劫匪干脆放火烧他的轮椅。火苗一下子升腾起来，梅尔龙瞬间忘记了自己身体的残疾，他拼命逃走，竟然一口气跑完了一条街。后来，梅尔龙在奥马哈城找到一份职业，他已身体健康，与常人一样走动。

"我可以攀登"。一位70高龄的老太太，突然不甘心自己无聊的人生，她决定给自己找点事情做。于是她开始学习登山，随后的25年里一直冒险攀登高山，其中有几座还是世界上有名的山峰。后来，她还以95岁高龄登上了日本的富士山山顶，打破了攀登此山的最高年龄纪录。她就是著名的胡达·克鲁斯老太太。

相比上面的两位，我们大多数人不但拥有健全的体魄，而且我们所生活的时代已经为我们创造了相当良好的工作和生活条件：接受了学校的教育，有着可以连接一切的互联网……那么，我们还有什么理由不去开采自己的"金矿"呢？还有什么理由眼睁睁地看着别人在成功的道路上越走越远，自己却感觉"无用武之地"呢？如果说我们到现在还没有取得令自己满意的成果，那只是因为我们还没有将自己的才能在能够做得最好的工作上发挥出来，甚至是将自己的才干用错了方向，而绝对不是许多人想的那样——"我做不到""我是个没用的人"。

成为一个成功者，真的没有想象那么难，只要你要努力寻找到自己身上"有用"的特质，挖掘到自己的长处。问问自己：你到底想要什么？一生中哪些对你而言是最重要的？什么是你一生当中最想完成的事？你的答案将指引你！

7. 在困难中可以找到新的出路

要做个成功者，对你来说重要的是学会在困难时刻如何打破惰性，积极地让自己找到新的出路。为了尽可能地赢得机会，你必须在紧急情况和发生问题时勇敢面对，坚持下来。只要你积极为克服困难而努力，就会有机会找出新出路之所在，要相信，勇敢出才干。

很多时候并不是你的能力不行，也不是你没有机会成就大事业，而是你信心不足，勇敢不够，骨子里成长着一种天然的惰性，一遇上困难就妥协了，退缩了，放弃了。成功者不是这样，他们敢于与命运抗争，大胆打造自己的"奶酪"，劲头十足，不断前进，直到取得自己满意的结果。

诺曼·利尔是当今电视界的一位杰出人才，曾一度是皮鞋推销员，当时他渴望成为好莱坞的作家。为了引起有关人士注意，他采取了一般人通常所用的各种做法，但都不奏效。

于是，他勇敢地采取了一种新鲜少见的办法去表现自己的才能。他设法打听到好莱坞一位知名喜剧演员家的电话。他马上拨通了电话，当他听清接电话的是明星本人时，他既不打个招呼，也不做自我介绍，上来就说："你准爱听，这是个了不起的笑话。"接着他就念了一篇他自己写的非常滑稽可笑的短剧。他一念完，喜剧演员就哈哈大笑起来。

在他们后面的谈话中，这位明星问利尔是否做过电视方面的工作，这个甚至从没进过电视台大门的勇气十足的皮鞋推销员毫不含糊地说："当然。"这位知名演员对这个既能写出好的喜剧，又有电视工作经验的不速之客感到特别中意。谈话结束时，利尔得到了他的第一次写作工作——为丹尼·凯的圣诞特别电视节目撰稿。

没说的，他接受了这个工作。

还有这样一个例子：

杰利·韦因特伯是好莱坞最受推崇的经理人和制片商，代理着许多大明星的演出业务。在杰利的生涯中有过这样一次挑战——努力去赢得代理当时音乐界最轰动的明星艾尔维斯·普苛斯利的演出业务的机会，那意味着几百万美元的赢利。

他给艾尔维斯的经理人帕克上校打电话，要求代理艾尔维斯的演出活动，上校断然拒绝了。但杰利不服输，在整整一年时间里他天天给上校打电话，在对方始终拒绝的情况下，他一直坚持着。

帕克问他："我为什么非得答应你？我欠别人那么多情，可是什么也不欠你的。"杰利坚定、自信地答道：

"因为我非常擅长这一行，我能干得极其出色，给我机会试试吧！"

最后，帕克说："要是你带着银行担保的100万元支票到我这儿来，咱们就可以谈谈。"这是个让人难以接受的强硬要求，当时，还没有过开价100万美元的先例。杰利说服了一位和他一样勇敢的西雅图商人给了他这笔巨额投资。杰利带着他的"通行证"——一张100万美元的支票去见帕克，谈了自己的想法。帕克很快地收起钱，握着杰利的手说："你做成了这笔交易！"

一年以后，杰利已经在美国各地举办了艾尔维斯的演唱会。后来，帕克又把100万美元的支票退还给了杰利，原来他从收到支票那天起就一直把它放在书桌抽屉里。当杰利问他为什么不把支票兑成现金时，帕克说："我对这钱不感兴趣，我只是想看看你是否具有和那些人物打交道所必备的本事？"

这两个故事都表明了在危机关头无所畏惧，敢于坚持自己的行动和想法的好处。在平时，这些品质是你处理生活问题的一种宝贵的财富，而在危机关头，采取勇敢的态度，不仅有助于解决眼前的问题，而且可能是开创出新机会的一种手段。

中国人很早就明白了这一点，他们明智地认为，危机可以成为发展和进步的良机。事实上，"危机"是由两层意思组成的，一层意思是"危险"，而另一层意思是"机会"。

在危机关头，成功者不仅努力去解决问题，甚至还为改善最令人灰心丧气的局面而付出努力。

罗斯福担任美国总统期间，正面临着本世纪两个主要危机——毁灭性的世界范围的经济萧条和世界大战。1932年，罗斯福在一次演讲中表明了以进攻姿态解决问题的坚强决心。"除非我对形势的发展趋势估计错了，不然，我认为美国需要，也要求有勇气和坚持不断试验。采取一种方法，并进行试验，这是常情。如果失败了，就坦率地承认，再去做新的尝试。"

罗斯福实现了自己的诺言，开始了革新计划和社会改革。他那勇敢的"试验-失误"的探索的确曾导致了某些失败，但是也得到了具有世界影响的成功。

我们之中可能没有谁会有领导一个国家的机会，但我们每个人都不妨把更勇敢、更坚持不懈和进行试验的观念应用于自己的日常生活中。

要想争取机会，除了大胆、勇敢外，还得坚持到底，还要讲究技巧。

谢丽是精明强干的古玩经营商。一天秘书告诉她，原来约好要来的一位荷兰古玩商艾夫瑞夫人取消了约会，说是要去治牙病。看来夫人实际上对这些不大感兴趣了，老是强调她太忙。

但谢丽不愿失去艾夫瑞夫人这位顾客，于是亲自拨通电话。她的作风就是这样，绝不会就此罢手，她要以自己全部的智谋去勇敢地面对问题，解决问题。

谢丽并不一上来就谈约会的事，她先谈了自己也是多么怕牙病，还讲了自己看病的笑话，这就创造了一种舒适自然、适于聊天的气氛。接着她又讲了这一批古玩开箱中的一些趣事，并积极地预言，就好像已经是事实一样，说道："等你看了所有的珍宝，我肯定你会像我们所有开箱时在场的人一样激动！"然后又以热情、乐观和循循善诱的态度补充说："我知道，等你挑选要买的东西时，会发生困难。因为这批货物的每一件都是完美无瑕的。你为什么不再安排个约会呢？"结果她把艾夫瑞夫人的态度从消极的厌烦和不感兴趣转向了想安排一次约会。

后来又出现过几个问题，比如，夫人下午要照顾放学的女儿，上午又要做自己的事，而周末又要去农村旅行……总之，她一直表示有障碍。谢丽却坚持不懈，她甚至提出让秘书把夫人的女儿接到陈列室来，以便使夫人能有更充裕的时间看这些东西。

结果，艾夫瑞夫人终于安排了一次约会。而正如谢丽的预言，夫人对这批货物很喜欢，买去了好几件。

要是你遇到了像艾夫瑞夫人这样的情况，会如何处理呢？现在，你是不是在对自己说："谢丽正是通过咄咄逼人的策略和阿谀奉承的手腕，实际上迫使那个女人安排了一次约会！"这根本不对，谢丽是个真诚的女人，她说的每件事都是真心实意的。这并不是阿谀奉承，而是把对顾客问题的真诚理解和关心，与追求自己目标中的勇敢行为相结合的一种方式。

要做个成功者，对你来说重要的是学会在困难时刻如何坚持前进。为了尽可能地赢得机会，你必须在紧急情况和发生问题时勇敢面对，坚持下来。只要你积极为克服困难而努力，就会有机会找出新出路之所在，要相信，勇敢出才干。

第五章

一天一点精进，优秀的人永远在奔跑

1. 越是关键时刻，越要保持冷静

冷静是成熟者应有的特质。冷静不只在于能够控制自己的情绪，更在于一个人如何给自己准确定位，如何面对各种复杂的局势，如何处理生活中、事业上突如其来的变化。

这是一个真实的故事：在临近高考还有23天的那天早上，他在彷徨中收拾好书包离开了教室。从那以后同学们再也没有见过他……太不理智、太不成熟啊！很多人如是慨叹。

什么是成熟？成熟意味着由复杂走向简单。

成熟意味着一种从容。

成熟者有许多不同于常人的心理特征，如能主动、直接地参与自己并非感兴趣的活动中；具有对别人表示同情、亲切或爱的能力；能够接纳自己的一切，好坏优劣都如此；能够准确、客观地知觉现实和接受现实；知道自己的现状和特点；能着眼未来，行为的动力来自长期的目标和计划。然而，有一点我们绝对不可以忘记——那就是冷静。

是的，冷静是成熟者应有的特质。冷静不只在于能够控制自己的情绪，它更在于一个人如何给自己准确定位，如何面对各种复杂的局势，如何处理生活中、事业上突如其来的变化。

每个人都渴望走向成熟，那么，让我们先保持冷静。

笔者曾听说过这样一件事：一位大学毕业生应聘于一家公司搞产品营销，公司提出试用3个月。3个月过去了，这位大学生没有接到正式聘用的通知，于是他一怒之下愤然提出辞职，公司一位副经理请他再考虑一下，他越发火冒三丈，说了很多过激和抱怨的话。对方终于也动了气，明明白白地告诉他，其实公司不但已决定正式聘用他，还准备提拔他为营销部的副主任。这么一闹，人家无论如何也不用他了。这位涉世未深的大学生因他的不理性而白白地丧失了一个绝好的机会。

理性是知识、智慧的独到涵养，更是理智、大度的深刻感悟。面对着一个高速发展的物质世界，我们必须具有人性的成熟美。否则，即使成功送到我们面前，还是难免在毛躁中与失败相遇。

不管你是否承认，只有冷静才是力挽危局的法宝。这种品质总能产生战无不胜的力量。

足球场上，两队经过90分钟酣战，又度过了随时可能遭遇"突然死亡"的30分钟加时赛，紧张刺激的时刻终于到了——点球决胜！

生死在此一举。此时对于被指派上场的球员而言，什么是最重要的？信心？力量？技术？不，是冷静。此时唯有冷静方能助他完成这最后的致命一击，方能助整个球队走向辉煌的胜利。

历史上的法奥马伦哥战役是拿破仑执政后指挥的第一个重要战役。这次战役的胜利，对于巩固法国脆弱的资产阶级政权，对于加强拿破仑的统治地位都有着重要的意义。在这场战役中，拿破仑把他的沉着冷静与临危不乱的品质发挥到了极致，并最终取得了战役的胜利。

首先，他有效地制造和利用了敌人在判断上的错误，真正做到了出敌不意，出奇制胜。

其次，他机敏，能够在复杂的形势下趋利避害，避实就虚。拿破仑率领预备军团翻过大圣伯纳德山口，进入北意大利后，面临着两种选择：一种是迅速南下，增援马塞纳，倾全力解除热那亚之围，使意大利军团免遭覆灭的厄运；另一种是暂时置马塞纳于不顾，迅速挥师东进，直取伦巴第的首府米兰，截断奥军退路，以求一举切断奥军主力与本土之间的联系，迫使奥军北撤，尔后与其进行决战。拿破仑从战役全局出发，审时度势，权衡利弊，冷静作出了选择后者的正确决策。

再者，他沉着冷静地应付着险象环生的战斗环境，在关键时刻指挥若定，临危不惧。拿破仑在马伦哥战役中，正好显示了这样一个突出的特点。1800年在6月14日下午的几个小时里，法军的处境可谓岌岌可危。按照一般人的看法，出现了这种情况，法军肯定是必败无疑了。可是，拿破仑却仍然镇定自若，继续从容不迫地指挥部队抗击敌人的进攻，并且因此争取到了时间，等到了援兵的到达。尽管德赛率部队及时赶到具有一定的偶然性，但拿破仑在危急关头的坚定态度，对于稳定法军的情绪，鼓舞法军继续进行顽强的抵抗，无疑是有重要作用的。没有他的坚定指挥，则法军早在德赛的援军到达以前就崩溃了。

2. 别拖了，你要做的是立刻动手

有的人能在瞬间果断地战胜惰性情绪，积极主动地面对挑战；而有的人却深陷于"挣扎"的泥潭，自己被主动性和惰性情绪拉来拉去，不知所措，无法定夺……时间就这样被一分一秒地浪费了。

下面是心理咨询专家为拖延时间者开出的一系列处方，供你选用，相信会给你带来奇异的效果，那么，就从现在开始，不再拖延，赶紧列出自己的行动计划吧。

不要把拖延看成是一种无所谓的耽搁。一个企业家可以因为没能及时作出关键性的决定而遭到失败。有时候，由于做妻子的懒得及时洗碗铺床，也会造成一桩婚姻的瓦解。延误了看病的时间，会给人的生命带来无可挽回的影响。拖拖拉拉这个坏习惯不是无伤大局的，它是个能使你的抱负落空、破坏你的幸福、甚至夺去你生命的恶棍。

找出使你倍感苦恼的、习惯拖延的一个具体方面，然后去征服它。突破拖拉作风对你生活某一个方面的束缚，一种得到解脱和成功的感觉将会帮助你在其他方面去战胜它。

为自己规定一个期限。但你不要暗地里规定一个期限，这样很容易被人忽视。要让其他人都知道你的期限，并且期望你能如期完成。

不要避重就轻。避重就轻是人的天性，但到头来只会导致问题日积月累，难上加难。

不要因为追求十全十美而裹足不前。有些人对采取行动望而却步，因为他们害怕自己干得也许不那么完美无缺。

让自己把握眼前的5分钟，并努力切实地生活。先不要考虑各种长期的计划，应争取充分利用眼前的5分钟做自己要做的事情，不要一再推迟可以给你带来愉快的那些活动。

现在就去做你一直在推迟的事情，如写封信，实施你的写作计划。在采取实际行动之后，你会发现，拖延时间真的毫无必要，因为你很可能会喜欢自己一再拖延的这项工作。在实际工作中，你会逐步打消自己的各种顾虑。

问问自己："倘若我做了自己一直拖延至今的事情，最糟糟的结果会是什么呢？"结果往往是微不足道的，因而你完全可以积极地去做这件事。认真分析一下自己的畏惧心理，你会懂得维持这种心理毫无道理。

给自己安排出固定的时间，如周一晚上10点至10点15分专门做曾被拖延的事情。你会发现只要在这15分钟内专心致志地工作，你往往可以做完许多拖延下来的事情。

要珍爱自己，不要为将要做的事情忧心忡忡。不要因拖延时间而忧虑，要知道，珍爱自己的人是不会在精神上这样折磨自己的。

认真审视你的现状，找出你目前回避的各种事情，并且从现在起逐步消除自己对真正生活的畏惧心理。拖延时间意味着在现实生活中为将来的事情而忧虑。如果你把将来的事情转变为现实，这种忧虑心理必然会消失。

节食、戒烟、戒酒，从现在开始！你现在就可以放下这本书，马上做一个俯卧撑，以此开始自己的锻炼计划。你解决问题的方法就是——从现在开始！立即采取行动！妨碍你采取行动的完全是你自己，因为你以前不相信自己的力量，作出了一些错误选择。你看，这多么简单——只要去做就行了！

以后当你觉得无聊的时候，积极利用自己的大脑。比如，在单调无聊的会议上主动提出一些问题扭转沉闷气氛，或者利用大脑做些有趣的事情，比如作首诗，要不就努力死记一大串数字，以增强自己的记忆力。下决心再不产生厌倦情绪。

当别人对你评头品足时，问问他："你以为我现在需要别人评论吗？"而当你意识到自己议论别人时，问问你身边的人，他是否愿意听你的评论；如果他愿意听，可以再问问他为什么。这样做会有助于你从一个评论家转变为实干家。

认真审视一下自己的生活。假设你今生今世还有6个月的时间，你还会做自己目前所做的事情吗？如果不会的话，你最好尽快调节自己的生活，现在就去做你最紧迫、最需要做的事情。为什么？因为相对而言，你的时间是很有限的。在时间的长河中，30年和6个月是相差不多的。你的全部生命只不过是短暂的一瞬间，因而在任何方面拖延时间都毫无道理。

鼓起勇气去干一两件你一直回避的事情：一个勇敢的行动可以消除各种恐惧心理。不要再强使自己"干好"，因为"干"本身才是关键所在。

晚上睡觉之前，努力排除一切疲劳的感觉。不要以疲劳或疾病为借口拖延任何事情。你会发现，当疲劳或疾病失去其意义时，也就是说当它们不能成为你推迟工作的理由时，导致拖延的因素会"奇迹般地"消失。

不要再使用"希望""但愿""或许"等词，因为这些词会促使你拖延时间。每当你发觉自己的话里又出现这几个词时，就应该改变自己的话。例如，你应该将"我希望事情会得到解决"改为"我要努力解决这件事"；将"但愿我心情会好一些"改为"我要做些事情，保持心情愉快"；将"或许问题不大"改为"我要保证没有问题"。

每天都记录下你所发出的抱怨和议论。做这种记录可以达到两个目的：一方面，你可以意识到自己在生活中的评论行为，即你是怎样评论的，评论了多少次，评论的是什么人、什么事；另一方面，做这种记录是件令人头疼的事，这也会促使你平时不要再乱作评论和抱怨。如果你所拖延的事情涉及其他人(例如搬迁、夫妻生活或调换工作)，你应该与这些人商量一下，听听他们的意见。要敢于摆出自己的各种顾虑，这样将有助于你认识到自己的拖延是否完全是出于主观原因。在知心朋友的帮助下，你们可以共同分析问题、解决问题。不久，你就会完全驱散因拖延时间而产生的忧虑。

与家庭成员制订一项协议，明确提出你想做而一直拖延的事情：一同打场球，出去吃顿饭。

你要是希望改变客观世界，就不要怨天尤人，而要做些实际工作。不要总是因拖延时间而忧心忡忡，并为此而陷入惰性，应该努力消除这一令人讨厌的误区，争取投身于现实生活！做实干家，而不是希望家、幻想家或评论家。

3. 如何杀死你心中的怪物

恐惧是一种普遍存在的消极心理，它到处压迫着人们，只要是凡人，谁能无惧？最伟大、最勇敢的英雄也会诚实地告诉你，当他们在做那些英勇事迹时，他们的心里其实和你我一样害怕，区别只在他们能克服恐惧，拒绝投降的召唤。

当你面对恐惧，勇往直前，害怕自然缩小不见，但是你逃避的话，它会不断增长，直到完全控制你的生活。

恐惧能摧残人的创造精神，足以杀灭个性而使人的精神机能趋于衰弱。大事业不是在恐惧的心情下可做成的，一旦心怀恐惧的心理、不祥的预感，做什么事都不可能有效率。恐惧代表着、指示着人的自卑与胆怯。这个恶魔，从古以今，都是人类最可怕的敌人，是人类文明事业的破坏者。

对于恐惧，爱默生说得好："他们征服那些认为他们有足够力量征服的人。"

怠惰造成疑惑和恐惧，行动则产生信心和勇气。若想要克服恐惧，就不要坐在家里空想，出门去使自己忙碌起来吧！

如果你以积极心态发挥你的思想，并且相信成功是你的权利的话，你的信心就会使你成就所有你所制定的明确目标。但是如果你接受了消极心态，并且满脑子想的都是恐惧和挫折的话，那么你所得到的也都只是恐惧和失败而已。

恐惧多半是心理作用，但是它确实存在，并且是发挥潜能的头号敌人。行动可以治愈恐惧、犹豫，拖延则只会助长恐惧。

当你感到恐惧的时候，朋友们常会善意地对你说："不要担心，那只是你的幻想，没有什么可怕的。"这种安慰可能会暂时解除你的恐惧，但并不能真正地帮你建立信心，消除恐惧。

恐惧是信心的敌人。恐惧会阻止人利用机会；恐惧会耗损精力、破坏身体器官的功能，抑制潜能，恐惧使人游移不定、缺乏信心，恐惧确实是一股强大的力量，它会用各种方式阻止人们从生命中获得他们想要的事物。

生命犹如无限丰富而又深不可测的大海，生活在这大海之中，你的潜意识对你的想法极为敏感。如果你能够应用你心智的定律，以平和代替痛苦，以信心代替畏惧，以成功代替失败，当然就再没有任何比这更美好的结果了。

千万不要让恐惧占据心灵！没错！绝不能这么没事找事做。人的心态非常微妙，要是时常保持乐观，就会无时无刻觉得无论做什么事都很顺当；反之，要是总以悲观的心境看待所有的事，任你怎么做总有碍手碍脚的感觉。心境果真有催人老的作用。

然而，心情总有起伏的时候，不可能永远都维持在高潮期；而且，适度的低潮心情有时也能调和乐观过度的缺点。因此，重要的不是如何避免低潮的发生，而是该怎么调适它作用的程度。

恐惧多半是心理作用。烦恼、紧张、困窘、恐慌都是起因于消极的想象。但是仅知恐惧的病因并不能根除恐惧。正如医生发现你身体的某部位受感染，不会就此了之，而是进一步去治疗。有效的治疗必须对症下药。

你要有一个这样的认识：信心完全是训练出来的，而不是天生就有的。你所认识的那些能克服忧虑、无论何时何地都泰然自若、充满信心的人，全都是磨炼出来的。

有这样一个人，天生就十分胆小。他的生活沉浸在疾病的恐惧中。他时常由于预期到某种在实际上绝不会发生的疾病而烦恼痛苦：假使受了些凉，他准以为是要犯伤寒重症了；假使他喉头有些痛，他一定以为那是要犯扁桃腺炎；假使他心头有些悸动，他就要惶惶然以为患上了严重的心脏病。

世界上有很多的人，都是过着像这个人一样恐惧不断的生活，并因此无可避免地陷入了自卑中。当不祥的预感、忧虑的思想在你的心中发作时，你不应当纵容它们发展。你应当转换你的思想，想到种种与它们相反的方面上去。即使你担心现在的事业会失败，你也不应当想到你自己是怎样软弱无能、怎样不堪重任、怎样准会失败；你应当尽量想着你自己怎样强、怎样有本领、怎样在过去也曾遇见过与此相似的事，怎样利用过去的经验应付现在的问题，怎样预期得到成功的胜利！

伟大的歌剧男高音卡罗素，有一次感染上对舞台的恐惧症。由于强烈的恐惧，他的喉咙的肌肉紧缩，因而发不出声音来。

由于只有几分钟的时间就要登台了，他在汗流满面，极为羞愧，甚至还因为恐惧和惊惶，而全身颤抖。

于是他不断地对自己说："我要唱歌了！我要唱歌了！"

他的潜意识开始产生反应，发挥出他内在的巨大能力。到该他登台的时候，他走上了舞台，唱出悦耳而和谐的歌声，迷住了所有的听众。

很多事情，你现在觉得害怕，但是一旦你面对它，并驾驭它以后，它很可能变成你所喜欢的。在开始学溜冰的时候，你可能一看到冰鞋就全身发软。可是一旦你克服恐惧，学会溜冰以后，你会后悔为什么不早点学会溜冰。

有时候，我们必须假装自己能表现得一无可惧怕的样子。美国第26任总统罗斯福曾说道："很多事我起初都很害怕，可是我假装不害怕去做，慢慢地，我真的不害怕了。"

你也可以用这种克服恐惧的妙方。只要你表现得好像勇气十足，你便会开始觉得勇敢起来；若这样持续得够久，佯装就变成了真实，在不知不觉中，成为真正不惧的勇者。

感觉勇敢起来，表现得好像很勇敢，以意志力来达到这个目标，勇气便可以取代恐惧。

恐惧能摧残一个人的意志和生命。它能影响人的胃、伤害人的修养、减少人的生理与精神的活力，进而破坏人的身体健康。它能打破人的希望、消退人的志气，而使人的心力"衰弱"至不能创造或从事任何事业。

在规律的生活中，心情的起起落落也有一定的规则可循，请你稍稍留意心情低落时的点，找出最低潮的那一点，好好地自怜一番。不过，要记住一个规则：一个星期只能有一次，而且，一次只能有15分钟。只要能把握住这个原则，那么，当你碰到让你很紧张的事情，潜意识里就会提醒自己："这时千万不能害怕，过些时候就会好了。"如此一来，你就再也不会为心理的恐惧而烦恼了。

4. 跌倒不可怕，可怕的是就此躺下去

　　无论面对什么情况，成功者都显示出创业的勇气和坚持下去的力量。他们以一种大无畏的开拓精神，稳步前进在崭新的道路上，在困难面前泰然处之，坚定不移。

　　成功者和失败者都有自己的"白日梦"。不过，失败者常常是虽企望得到名声和荣誉，却从不真正为此做任何事情，只好在想入非非中度过一生。成功者则注重实效，当他们决心把自己的希望和抱负变成现实的时候，即使在重重摔倒以后，也总是有理由坚强地站起来。他们从来没有被暂时的挫折击倒，而是勉励自己采取行动，向着目标奋勇攀登。

　　成功者总是年复一年地致力于某件事，以求得一条最合理的、最实际的前进之路。无论面对什么情况，成功者都显示出创业的勇气和坚持下去的毅力。他们以一种大无畏的开拓精

神，稳步前进在崭新的道路上，在困难面前泰然处之，坚定不移。

成功者共有的一个重要品质就是在失败和挫折面前，仍然充分相信自己的能力，而不是别人可能会说什么。考察一下一些知名人物的早年生活，就会发现他们中的一些人曾痛苦地遭到老师和同事的阻拦和泼冷水，而反对的焦点却恰恰是后来他们出类拔萃的方面。人们断言他们绝对干不成想干的事，或者说他们根本不具备必要的条件。但他们不听这一套！坚定地按照自己的信念干下去。

伍迪·艾伦，奥斯卡最佳编剧、最佳制片人、最佳导演、最佳男演员、金像奖获得者，在大学里英语竟不及格。

马尔科姆·福布斯，世界最大的商业出版物之一——《福布斯杂志》的主编，却没能当上普林斯顿大学校刊编辑。

利昂·尤利斯，作家、学者、哲学家，却曾3次没有通过中学的英文考试。

利文·尤里曼，两次被提名为奥斯卡金像奖最佳女演员的候选人，当年投考戏剧学院时，却没入选，因为主考人认为她没有表演才能。

理查德·L·马尼博士，神经放射学专家，在医学院一年级时，神经解剖学不及格……

滑雪教练员彼得·赛伯特首次透露他将开创一个新的项目时，大家都认为这简直是天方夜谭；站在科罗拉多大峡谷的一个山顶，赛伯特表述了那个从12岁就伴随他的梦想，开始向世人认为不可能的事情进行挑战。赛伯特的梦想——高台跳，现在已经成为现实。

年轻的伊内蒂·比萨刚从按摩学校毕业后想在加利福尼亚美丽的蒙特雷地区见习接诊。当地的按摩机构告知该地按摩师为数众多，但却没有那么多的病人。于是在4个月中，比萨每天用10个小时挨家挨户地毛遂自荐，上门服务。他总共敲响了12 500扇门，和6 500个人谈话并邀请他们到他未来的诊所就医。作为对他的毅力和诚挚的回报，在接诊的第一个月，他就医治了233名病人，并创下了当月收入72 000美元的记录。

大名鼎鼎的可口可乐公司，开张的第一年，仅售出了400瓶可口可乐。

超级球星迈克尔·乔丹曾被所在的中学篮球队除名。赛拉·霍兹沃斯10岁时双目失明，但她却成为世界上著名的登山运动员。1981年，她登上了瑞纳峰。

瑞弗·约翰逊，十项全能的冠军，有一只脚先天畸形。

赛乌斯博士的处女作《想想我在桑树街看到的》被27个出版商拒绝。但他没有放弃，终于，第28家出版社——文戈出版社看中了该书的潜在市场价值，很快出版并获得了600万册的销量。

《心灵鸡汤》在海尔斯传播公司受理出版之前遭33家出版社的拒绝。全纽约主要的出版商都说："书确实好得很。""但没有人爱读这么短的小故事。"然而现在《心灵鸡汤》系列在世界范围内售出了1 700万册，并被翻译成20种文字。

1935年，《纽约先驱论坛报》发表的一篇书评把乔治·格斯文的经典之作：《鲍盖与贝思》评论为"地道的激情的垃圾"。

1902年，《亚特兰蒂克月刊》诗歌版编辑退还了一位28岁诗人的作品，退稿上写着："我们的杂志容不下你如此热情洋溢的诗篇。"那个28岁的诗人叫罗伯特·普罗斯特。

1889年，罗迪亚德·开普林收到了圣佛朗西斯科考试中心的如下拒绝信："很遗憾，开普林先生，但你确实不懂得如何使用英语这种语言。"

当艾利斯·赫利还是一个尚未成名的文学青年时，在4年中他每周都能收到一封退稿信。后来艾利斯几欲停止写作《根》这部著作，并自暴自弃。如此9年，他感到自己壮志难酬，于是准备跳海，了此一生。当他站在船尾，看着波浪滔滔，正欲跳海，忽然他听到所有的先人都在呼唤："你要做你想做的，因为现在他们都在天国凝视着你，切勿放弃！你能胜任，我们期盼着你！"在以后的几周里，《根》的最后部分终于完成了。

约翰·班扬因其宗教观点而被关入贝德福监狱。在那里他写出《心路历程》；雷利爵士在身陷囹圄的13年中写出了《世界历史》；马丁·路德被羁押在瓦尔特堡时译出了《圣经》。

托马斯·卡莱尔的《法兰西革命》一书的手稿被朋友的仆人不慎当成了引火之物，然而卡莱尔只是平静地又从头写出一部《法兰西革命》。

1962年，4名少女梦想开始专业歌手的生涯。她们先是在教堂中演唱并举办小型音乐会，后来灌制了一张唱片，但未获成功。接着又灌制一张唱片，但销路极差。第3张、第4张、第5张直至第9张唱片都未能走红。1964年，她们因《侦探克拉克的表演》而小有声名，但这张唱片也是订货寥寥，收支仅仅持平。那年年底，她们录制了《我们的爱要去何方》，结果荣登金曲排行榜榜首。黛安娜·罗丝及其"超级者"组合开始赢得国人的认可，引起乐坛轰动，声名鹊起。

温斯顿·丘吉尔被牛津和剑桥大学以其文科太差而拒之门外。美国著名画家詹姆斯·惠斯勒曾因化学不及格而被西点军校开除。

1905年，艾尔伯特·爱因斯坦的博士论文在波恩大学未获通过。原因是论文离题而且充满奇思怪想。爱因斯坦感到沮丧，但这未能使他一蹶不振。

困难重重，幸而这些人并没被挫折、失败吓倒，也没有听从别人好意但却消极的劝告。相反的，他们重新考虑那些权威们下的结论，并否定了这些结论，所以，他们是伟人，历史也记录下了他们的名字。

大约2000年前，古希腊哲学家苏格拉底就曾经忠告我们：对于长期以来形成的思想方法和生活方式，在接受它们之前先予以重新思考，这是成熟的一个必备品质。成功者敢于向那些权威偶像、那些僵化的教条提出疑问。他们创造性的想象力和勇气给了他们自由，可以无所畏惧地开创新路，使自己达到更高的层次。

他们不受那些他们的师长和朋友所盲目遵从的规范的束缚。

5. 事情是这样，就不会是别的样子

对必然的事轻快地接受，就像杨柳承受风雨、水接受一切容器那样，我们也要承受一切事实。

李凡小时候，有一天和几个朋友在一间荒废的老木屋的阁楼上玩。在从阁楼往下跳的时候，李凡左手食指上的戒指勾住了一颗钉子，把李凡整根手指拉掉了。当时李凡疼死了，也吓坏了。等手好了以后，李凡没有烦恼，接受了这个本可避免的事实。

现在，李凡几乎根本就不会去想，他的左手只有四个手指头。

就像刻在荷兰首都阿姆斯特丹一间15世纪教堂废墟上的一行字："事情是这样，就不会是别的样子。"

在漫长的岁月中，你我一定会碰到一些令人不快的情况，

它们既是这样，就不可能是别样，我们也可以有所选择。我们可以把它们当做一种不可避免的情况加以接受，并适应它；或者，我们让忧虑毁掉我们的生活。

下面是哲学家威廉·詹姆斯所给的忠告："要乐于承认事情就是如此，能够接受发生的事实，就是能克服随之而来的任何不幸的第一步。"俄勒冈州的伊丽莎白·康黎经过许多困难，终于学到了这一点，她这样描述了自己的心路历程：

"在庆祝美军在北非获胜的那天，我被告知我的侄子在战场上失踪了。后来，我又被告知，他已经死了，我悲伤得无以复加。在此之前，我一直觉得生活很美好。我热爱自己的工作，又费劲带大了这个侄子。在我看来，他代表了年轻人美好的一切。我觉得我以前的努力，现在正在丰收……现在，我整个世界都粉碎了，觉得再也没有什么值得我活下去了。我无法接受这个事实，悲伤过度，决定放弃工作，离开家乡，把我自己藏在眼泪和悔恨之中。

"就在我清理桌子，准备辞职的时候，突然看到一封我已经忘了的信——几年前我母亲去世后这个侄子寄来的信。那信上说：'当然，我们都会怀念她，尤其是你。不过我知道你会支撑下去的。我永远也不会忘记那些你教我的美丽的真理，永

远都会记得你教我要微笑。要像一个男子汉，承受一切发生的事情。'

"我把那封信读了一遍又一遍，觉得他似乎就在我身边，仿佛对我说：'你为什么不照你教给我的办法去做呢？支撑下去，不论发生什么事情，把你个人的悲伤藏在微笑下，继续过下去。'

"于是，我一再对自己说：'事情到了这个地步，我没有能力去改变它，不过我能够像他所希望的那样继续活下去。'我把所有的思想和精力都用于工作，我写信给前方的士兵——给别人的儿子们；晚上，我参加了成人教育班——找出新的兴趣，结交新的朋友。我不再为已经永远过去的那些事悲伤。现在的生活比过去更充实、更完整。"

已故的乔治五世，在他白金汉宫的房子里挂着下面这几句话："教我不要为月亮哭泣，也不要因事后悔。"叔本华也说："能够顺从，就是你在踏上人生旅途中最重要的一件事。"

显然，环境本身并不能使我们快乐或不快乐，而我们对周围环境的反应才能决定我们的感觉。

必要时，我们都能忍受灾难和悲剧，甚至战胜它们。我们内在的力量坚强得惊人，只要我们肯加以利用，它就能帮助我们克服一切。

已故的布斯·塔金顿总是说："人生的任何事情，我都能忍受，只除了一样，就是瞎眼，那是我永远也无法忍受的。"

然而，在他六十多岁的时候，他的视力减退，一只眼几乎全瞎了，另一只眼也快瞎了，他最害怕的事终于发生了。

塔金顿对此有什么反应呢？他自己也没想到他还能觉得非常开心，甚至还能运用他的幽默感。当那些最大的黑斑从他眼前晃过时，他却说："嘿，又是老黑斑爷爷来了，不知道今天这么好的天气，它要到哪里去？"

塔金顿完全失明后，他说："我发现我能承受我视力的丧失，就像一个人能承受别的事情一样。要是我五个感官全丧失了，我也知道我还能继续生活在我的思想里。"

为了恢复视力，塔金顿在一年之内做了12次手术，为他动手术的就是当地的眼科医生。他知道他无法逃避，所以唯一能减轻他受苦的办法，就是爽爽快快地去接受它。他拒绝住在单人病房，而住进大病房，和其他病人在一起。他努力让大家开心。动手术时他尽力让自己去想他是多么幸运。"多好呀，现代科技的发展，已经能够为像人眼这么纤细的东西做手术了。"

一般人如果要忍受12次以上的手术和不见天日的生活，恐怕都会变成神经病了。可是这件事教会塔金顿如何忍受，这件事使他了解，生命所能带给他的，没有一样是他能力所不及而不能忍受的。

我们不可能改变那些不可避免的事实，可是我们可以改变自己。哦，我并不是说，碰到任何挫折时，都应该低声下气，那样就成为宿命论者了。不论在哪种情况下，只要还有一点挽救的机会，我们就要奋斗。可是当常识告诉我们，事情是不可避免的——也不可能再有任何转机——那么，为了保持理智，我们就不要"左顾右盼，无事自忧"。

已故的哥伦比亚大学郝基斯院长告诉我，他曾经作过一首打油诗当做座右铭：

天下疾病多，数也数不清，

有的可以救，有的治不好。

如果还有救，就该把药找，

要是没法治，干脆就忘掉。

没有人能有足够的情感和精力，既抗拒不可避免的事实，又创造一个新的生活。你只能选择一种，或者生活在那些不可避免的暴风雨之下弯下身子，或者，抗拒它而被折断。

日本的柔道大师教育他们的学生："要像杨柳一样柔顺，不要像橡树一样挺直。"

知道汽车的轮胎为什么能在路上支持那么久、能忍受那么多的颠簸吗？起初，创造轮胎的人想要创造一种轮胎，能够抗拒路上的颠簸。结果，轮胎不久就被切成了碎条。后来，他们制造了一种轮胎，可以吸收路上所碰到的各种压力，可以"接受一切"。如果我们在多难的人生旅途上，也能承受各种压力和所有颠簸的话，我们就能活得更长久，能享受更顺利的旅程。

如果我们不吸收这些，而去反抗生命中所遇到的挫折的话，我们就会产生一连串内在的矛盾，我们就会忧虑、紧张、急躁而神经质。

如果再退一步，我们抛弃现实社会的不快，退缩到一个我们自己的梦幻世界里，那么我们就会精神错乱了。

"对必然的事，姑且轻快地接受。"是苏格拉底在公元前399年说的。除了耶稣基督被钉在十字架以外，历史上最有名的死亡是苏格拉底之死了。即使100万年以后，人类恐怕还会欣赏柏拉图对这件事所作的不朽的描写——也是所有的文学作品中最动人的一章。雅典的一些人，对打着赤脚的苏格拉底又嫉妒又羡慕，给他找出一些罪名，把他审问之后处以死刑。当那个善良的狱卒把毒酒交给苏格拉底时，对他说道："对必然的事，姑且轻快地去接受。"苏格拉底确实做到了这一点。他以非常平静而顺从的态度面对死亡，那种态度几乎已经可以算是圣人了。

在这个充满忧虑的世界，今天比以往更需要苏格拉底这句话。

在过去的8年中，我专门阅读了我所能找到的关于怎样消除忧虑的每本书和每篇文章。在读过这么多报纸文章、杂志之后，你知道我所找到的最好的一点忠告是什么吗？就是下面这几句——纽约联合工业神学院实用神学教授雷恩贺·纽伯尔提供的无价祷词——一共只有41个字：

请赐我沉静，

去承受我不能改变的事；

请赐我勇气，

去改变我能改变的。

请赐我智慧，

去判断两者的区别。

第六章

不是没有情绪，高情商的人能够掌控情绪

1. 情绪掌控，情商比智商更重要

一名儿童保健专家介绍说，曾有一位10多岁的男孩在妈妈的陪同下来医院咨询。这名男孩非常内向，在医生询问情况时总是低着头不说话。

从孩子的妈妈那里了解到，孩子小时候还是挺活泼的，嘴也非常甜。为了提高孩子的智力，父母从小给他购买各类益智玩具，此外还帮他报名书法班、围棋班等。但令人百思不得其解的是，孩子的性格越来越内向，话越来越少，做什么事情都显得没有信心。

经过医生的询问了解，原来孩子的父母非常重视对男孩的"智商"培养，但在平时却并不注重和孩子的交流和沟通，对他性格的变化也不甚关注，医生得出的结论是：孩子的"情商"比较低。

美国哈佛大学教授丹尼尔·戈尔曼出版了一本书，书名是《情商》，又叫做《情感智力》。该书系统而全面地将情绪智商方面的内容介绍给了大众，一时风靡全球。与此同时，"情商"这一概念也在世界范围内迅速蔓延，广受关注。在这本书中，戈尔曼教授提到了一些情绪方面的问题，如人们普遍感到孤单、忧郁、任性、焦虑、冲动等——这引起了大众的强烈共鸣。那么，究竟是什么原因导致了这种生活状态呢？人们虽然找到了诸多原因，但最根本的，还是要属情商。

情商的高低对一个人的身心发展有着重大影响。对其能否取得成功同样有着不可估量的作用，有时其作用甚至要超过智力水平。

戈尔曼教授认为，情感智力方面的主要技能包括以下几项内容。

1.自我意识

拥有它，你就能理解自己的情感，并在它们发生时，认识到这一点。你的情绪反应把你引导进不同的情景中，当你充分认识到自己的局限性时，就能最大限度地发挥出自己的能量。

2.自信

自信建立在对自己的局限性的现实认知的基础上。自信的人知道，什么时候应该信任自己的决定，以及什么时候应该顺从他人的意见和观点。为了发挥出自己的最大能量，自信的人敢于持续地去面对新的挑战，因为这些挑战可以不断拓展个人的潜力。

3.自我调节

这种能力能够促使你始终把注意力集中在自己的目标上，在目标完全实现以前，不会因进步过于细微而裹足不前；它还能使你迅速地从挫折中恢复过来，重新看清自己的终极目标。为了更好地实现目标，必须排除破坏性情绪的回应。你将通过持续地与自己最重要的需求保持联系，而不断地激励自己。

4.激励

这种能力能够促使你去关注他人的需要、偏好、价值观、目标和个人实力，并以此激励他们。

5.移情作用

具有移情作用，你就能与他人的需要、价值观、希望及观点相契合，你可以通过积极地把自己置身于对方的位置上而感知对方的感情和思维。

6.社交敏感性

快速而又良好地解读当下的情景，无论是口语的还是非口语的，它能够让你了解和适应与你有良好人际关系的人的意图。你在团体交往活动中的敏感性，使你能够确认团体中谁是最有势力的人，并与他人的文化类型保持一致。

7.说服力

拥有良好情感智力的人擅长于解读他人的意图和希望，并创造出双方都满意的结果。他们具有不断开发双赢思维的习惯，努力寻求使个人目标与他人目标保持协调的途径。

8.冲突管理

具有这种能力，你就能够在冲突发生以前预防它，并把注意的焦点转移到更富有成效的行动过程上。如果冲突不断升级，你可以通过聚焦冲突双方的意图来解决它，因为冲突双方都是出于关心自己最大利益的意图。

研究表明，仅看智商，基本不能说明人们在工作中能否有所成就或生活是否幸福。如果说智商高低与人们事业成功与否有多大联系的话，智商高低所起的作用，最高估计也不过25%。有一份较谨慎的分析报告认为，更准确的数字是不超过10%，大概为4%。

但是，在强调认知能力的学科中，也会有情感智商似乎影响不大的现象。出现这种矛盾，是因为这些学科的入门要求极高。进入专业技术领域工作的智商门槛通常为110～120，跨过了高智商这个拦路虎，进去的每个人都是佼佼者，在承担相对独立的专业技术工作中，情商也就无竞争可言了。

每个人都希望自己获取成功，每个家长都希望自己的孩子成功，每个老师都希望自己的学生成功，每个领导都希望自己的部下成功。成功的路有千万条，成功的方法有千万个，但是看我们周围，真正成功的又有几个呢？

尤其是身处当今飞速发展社会的人们，如果不能及时地管理好自己的情绪，调整好与他人和社会的关系，最终败在自己手里的人绝不在少数。

2. 我知道这世界没有绝对的公平

有一天上帝听到人们都在抱怨：这个世界太不公平。上帝决定制造一种绝对公正的东西。上帝首先选择了善良。"人之初，性本善"，谁知道后来人们都开始欺负善良的人，利用善良的人，不珍惜善良，而且越来越多的人开始不喜欢善良，甚至怨恨和冤枉善良的人。上帝觉得不公平，于是放弃了善良。接着，上帝选择了诚实。上帝相信人们一定都喜欢和善待诚实，因为上帝相信任何人都不喜欢生活在虚假的世界里。可是，这次上帝又错了。人们开始欺骗诚实的人，陷害诚实的人。恶人和善人都在抱怨诚实。上帝又选择了健康、笑容、幸福、快乐……直到最后上帝迷惑了。上帝不知道还能不能找到一种绝对公正的东西来停止人们的抱怨。上帝自问：是我太没有能力了，还是人们太贪婪了？

这时，有一种无形的东西走了过去，转瞬即逝，上帝还没有回过神来，已经消失得无影无踪，上帝决定追上去。可是，任凭上帝怎么努力，这种东西都能无孔不入，无处不在，我行我素，从来不听从于任何摆布，能抓在手里的总没有失去的多，能感觉到的总没有逝去的多。这时，上帝笑了：这不就是我一直在找的东西吗？一个连我都无能为力的东西，一个连我都敬畏的东西，人们怎么可能不抱怨呢！

上帝说的是时间。在转瞬即逝的时间中穿行，人们想要的绝对的公正太渺茫了，或者说一味地追求绝对的公正，得到的只能是抱怨与过着不幸福的生活。

《博弈圣经》上说：公正是不自愿和高兴之间的均赢。从这句经典的博弈言论中，我们了解到，公正无绝对。这是个赢家通吃的社会，在无处不在的偏见面前，善用无绝对的公正论，赢家就是你。博弈，说白了就是赌博，但又不能与赌博相等。有人认为博弈是阳光下的赌博，而赌博是隐蔽下的博弈，二者的区别就是一个实体法则在飞秒瞬间界定的。在现实的生活赌博赛中，要想成为赢家，过得快乐，就要懂得：不要希求绝对的公平与公正。

每一位新进入微软的员工都会得到微软总裁比尔·盖茨的

一句告诫："记住这个世界永远是不公平的。"是的，当你骑着自行车走过，羡慕别人拥有豪华奢侈的高品质生活的时候，当你啃着面包，嫉妒别人拿着高薪坐着高位的时候，你埋怨世界真是不公平。但是请冷静想一想，当你在抱怨世界不公平的时候，你是否问过自己："你努力了吗？你付出了吗？"当比尔·盖茨沉着冷静地告诫新员工的时候，你是否想过这句话背后隐藏着多少不为人知的努力与付出呢？

在微软创业初期，比尔·盖茨满世界地飞，他亲自跑到各个公司与人家谈，如德国西门子公司，法国公牛机器公司等。他还经常单枪匹马地参加世界各地的展览，推销产品。有时候比尔刚出差回来就要连续上班24个小时，累了就在办公室睡一会儿。虽说微软公司的员工足够努力与勤奋，但据说目前还没有哪位员工能比得过比尔的勤奋与努力。哈佛商学院的案例有这样的描述："盖茨好像就住在办公室，他每天上午大约9点钟来到办公室，就一直呆到午夜，休息时间似乎就是吃比萨饼外卖的几分钟，吃完后他又继续忙开了。"

微软的成功离不开员工的勤奋与努力，比尔·盖茨的成功同样离不开他的勤奋与努力，这是毋庸置疑的。事实上，很多成功的公司，很多成功的精英，之所以能够走得长远，离不开本身就有的勤奋、刻苦的内在品质。我在想，他们在努力拼搏的时候，遇到挫折不顺的时候，应该都产生过世界不公平的抱怨，否则在成功之后也不会告诫员工不要把这个世界看得太美好。但努力依旧、勤奋依旧，所以抱怨显得如此苍白无力……

不要希求绝对的公正在电影《弱点》中展现得淋漓尽致。桑德拉·布洛克凭借该影片一举拿下第八十二届奥斯卡影后。《弱点》是根据真实的故事改编，讲述的是一个16岁低智黑人小孩迈克在一对白人夫妇的教养之下，一步一步走向成功的感人故事。

迈克是一个吸毒女人生下的私生子，他从小就不知道自己的父亲是谁。吸毒的母亲无力照顾小迈克，所以他从小就被政府机构收留，生活在政府为他指定的收养家庭中。智商只有80分，但身材却十分高大的迈克在九年里上过十一个学校，每次学校都以不同的理由开除他，最后他被一所"为神服务"的学校所录取。在这所学校里，老师同学对这位身材高大智商却很低的黑人小孩没有表现出接纳的态度，几乎所有的人都排斥他。他总是默默一个人行走在漆黑的夜，那么的孤寂，却毫无怨言。寒冷的冬夜，即使是在圣诞节期间，孤苦无依、穿着单薄的迈克却没有地方可去，不得已的他只能去学校的体育场过夜，因为那边可以温暖一点。偶然间，前往体育场的迈克遇到了一对好心，且生活在美国上层社会的白人夫妇，热心的女主人把迈克领到了自己家，给他提供暂时的衣食住行。最后又把他收为养子，给他照料，给他关怀，给了他一个温暖的家。

当迈克的养父母发现他除了防御成绩拿到90分之外，其余各科成绩均为零点几时，养父母请了优秀的家教帮他补习成绩，并把他送入了足球队。最初，防御能力极高的迈克，攻击力却弱得可怜，这使得他在球队的成绩受到了极大的限制。养母根据迈克具有的特性，进行了有针对性的指导，结果教练怎么做也做不到的事情，养母的一句话改变了迈克，也改变了迈克所在球队的整体气势。迈克凭借他的实力与爆发力得到了区域冠军，学习成绩在家教的指导下也得到了突飞猛进的提高。

迈克引起了美国大学足球教练们的注意，他们纷纷降低身份，前来邀请迈克加入他们的球队。在经过慎重的考虑之后，迈克选择了养父母的母校密西西比大学。迈克的事情引起了联邦政府的质疑，他们认为迈克的养父母领养迈克是别有目的，旨在为他们的母校培养优秀的足球运动员。在接受政府官员的调查时，迈克这样讲到：你一直问我他们为什么要我去密西西比大学，你却从来没有问过我，我为什么会选择密西西比大学。因为那是我父母曾经上过的大学，那是我的家人曾经呆过的地方，所以我选择沿着父母的足迹继续前行。说完这一切，淡定自信的迈克从容地离开。

迈克的智商绝对不低，只是他从小缺乏家庭的温暖，缺乏一份安全的信任，他迷失了。养父母给了他安全，给了他信任。他回报养父母的那份决心证明了迈克是一位非常非常聪明的孩子，所以他成功了。迈克之前的经历是不幸的，看着他被人欺负，看着他瑟缩地躲在墙角，看着他自卑地行走，人们不禁要感叹这个世界真的是太不公平了。可迈克没有抱怨，迈克没有像其他小孩那样的蛮横无理，也没有愤恨这个对他不公的社会，他总是默默地承受着一切。他用自己天生的防御能力保护着自己。因为没有希求这个世界的公平与公正，所以迈克即使在后来得到了养父母的疼爱，得到了他人的接纳、赞扬与崇拜，他依旧保持一颗纯洁干净的心，保持着最初的纯真。

我们也一样，在遭受挫折不幸的时候，不要怨天尤人，不要时刻抱怨，要保持一种沉着应对，云淡风轻的态度；在我们获得胜利，受人追捧的时候，也不要得意忘形，要始终保持最初的淡定情怀，从容地应对发生在我们身边的一切……

3. 情绪控制，职场精英是这样炼成的

有效运用情绪的能力从一定意义上说是创造性思维的基础。当人们能够进入或者离开某种情绪状态时，就会从不同的角度看待事物，这些角度的变化往往可以形成看待世界的不同方式。

1.缺少情绪会限制思维的开展

李焕森在市场营销部门工作，但事实上，他的工作重点更多的是集中在销售而不是营销上。李焕森具备熟练的社交技能和分析能力，为人聪慧，是个乐观的人；他还很善于表达自己的情绪，同时也表现出了敏锐的洞察力。但是，面对消极的情绪时，他表现得就不一样了。当对话的内容涉及这些消极情绪时，他就会变得惴惴不安并且马上转换话题，他要努力使自己表现得很开心，很愉快。

李焕森的另外一个方面也让人感到惊讶：他没有创造性的思维和新观点。他做事脚踏实地，注重实际和具体的事情，不重视想象力的作用。在那些有强烈同情心和深刻见解的人看来，李焕森对那些他认为是"爱埋怨的人"和"投诉者"的人没有给予很多的理解。他认为那些人没有理由只注意生活中的消极方面。

李焕森运用情绪推动思考的能力很弱。他不想（也许没有能力）激发情绪并利用情绪推动其思考问题、加工信息、做出决定或者理解他人的处境。这对李焕森和像他一样的经理人来说也许并不是致命的缺陷，但是，逃避情绪往往反映出一个人思维模式的僵化。

2.突破性观念源自何处

朱莉娅在父亲创建的公司做金融分析工作。她的事业与其说是"选择"来的不如说是家族需要。她的父亲孜孜不倦地培养这个独生女，想让她作为公司的继承人，做金融分析工作就是她进父亲公司前积累必需的实际工作经验的第一步。

然而朱莉娅感到自己的事业并不那么尽如人意，她的事业中似乎缺少点什么，朱莉娅也决心找到自己到底缺少什么。她兴趣广泛，为人热情。公司虽然满足了她的某种需要，但是，工作范围却相当狭窄。她需要一块更大的画布绘制自己的职业蓝图。

听朱莉娅谈论工作、同事和自己的想法十分让人着迷。她想象力十分丰富，并且富有同情心，容易与他人产生共鸣。她能够真正体会他人的感受，并且能够将别人的情绪经历和自己的情绪很好地联系起来。她将这些情绪融入了自己的思维，于是便产生了创造力极强、有深刻见解的观点。

几个月以后，她被一家刚刚起步的公司雇用。这次，朱莉娅没有做金融分析员，她在营销和新产品开发部门担任副经理，这个职位为她提供了发挥创造力的机会。

3.感情能够推动思维

我们不应将情绪视为不速之客，相反应该将情绪看作是思维和认知的重要组成部分，因为情绪可以提高思维水平。

（1）快乐这种情绪可以帮助我们萌发新观点，促使我们产生新的思维方式，探索事情的可能性。快乐就是拥有梦想并实现梦想。

快乐可以帮助我们更好地利用归纳推理解决问题，这些问题往往是我们遇到了一个普遍的问题、需要找到可能解决办法的时候出现的。

如果我们处在快乐的情绪中，解决问题的创造力就会提高。快乐的人往往会牢记过去的事情，并把这当做是快乐的回忆。心情愉快也可以使人们感觉更慷慨、仁慈、友善。人处在积极的情绪中时，决策的能力也会相应提高。这意味着积极的感情状态可以帮助我们产生更多的新观点和新选择。

处在积极情绪中的人更倾向于依靠全面的知识结构。快乐的人比那些不快乐的人更倾向于搜集信息，更多地依靠总体的计划而不是细枝末节的东西。

但是，快乐的情绪也存在着不好的一面。它们常常在解决问题时导致较多错误。快乐的情绪一般可以说明我们做得已经很好了，或者已经成功了。因此，我们就有可能认为工作已经完成，于是停止更深入解决问题的努力。

李文强来到单位时面带微笑，兴高采烈。他刚坐下来，老板走了过来，让他看一看下一年度的部门预算。李文强很高兴地答应了，并承诺马上就做好。他一页一页地浏览着预算表中的每个数字，工作效率很高。预算表中确实存在着某些错误，他把错误的地方圈点出来，并在空白处做了改正。

第二天，预算被做了修改，并准备呈交给公司办公室。这份文件十分重要，于是老板决定让李文强再最后看一次以确保所有的错误都得到了改正。李文强慢慢地走进了办公室，心情有些不愉快。"发生了什么事？"老板问道。李文强微微一笑回答说："没什么，我很好。"他并不是情绪沮丧，但是，他确实是处在一种消极的情绪之中，尽管表现得不是很明显。李文强走进办公室，很从容地检查预算的终稿。他检查了第一次的修改之后，又看了看专栏部分，他惊讶地发现了另外一处错误，那是他上次没有发现的。于是，他重新回到预算的开始部分，仔仔细细地分析了每一行的预算数字。最后，他一共发现了五处错误，其中两处错误相当关键。

为什么李文强在第二次检查预算的时候做得更好了呢？是因为这次他更熟悉预算了吗？这种可能性并不大，因为当你熟悉某种事物时，你就有可能较少注意细节。唯一的不同在于李文强第一天情绪较为积极，而第二天则稍微有些消极。这一事例告诉我们，不同的情绪推动思维的作用也不同。

（2）人害怕的时候就会十分小心。害怕的时候，我们的感官就会更灵敏，肾上腺素会遍布全身。我们被全面调动了起来，随时准备行动。害怕会促使我们在遇到危险时努力逃脱。

害怕不是令人愉快的感觉，但是轻微的害怕也许是有所裨益的。当所有人、所有事都不值得信任时，害怕会使我们进入一种思维模式。如果利用得适当，害怕还可以让我们对过去的推断进行重新思考，在陈旧的事物中发现新东西。

（3）悲伤可以帮助我们解决演绎推理性的问题。当我们需要集中注意力在细节问题上或者在一系列事实中找错误时，我们就会遇到演绎推理性的问题。

生活经历会告诉我们从失败中学到的东西比在成功中学到的多，因为失败可以使我们在一定程度上失望或悲伤，我们可以看到自己的不足，找到从前没有注意的问题。同时，只有失败带来的悲伤情绪得到理智的运用时，失败才有可能成为有益的事情。

（4）气愤会使我们的视野和世界观变得狭隘，把我们的注意力和精力集中在我们认为的危险事情上。气愤有时也可以在必要的时候为我们注入能量，使我们有勇气纠正错误，对周围不公正的事情做出反应。

（5）达尔文说的好："在发生出乎意料的或者未知的事情时，惊讶就会产生。我们感到惊讶时，会很自然地想尽快找到事情产生的原因，于是，我们会睁大眼睛，视野也就跟着扩大，眼球会很轻松地向任何方向移动。"

当意外的事情发生时，惊讶的情绪会重新定位我们的注意力。我们的自满情绪被冲淡了，于是我们要全神贯注地倾听或者观察事情的新动向。

（6）正因为思维和情绪紧密相连，所以擅长运用情绪推动思维的人更擅长激励别人。这些人凭直觉会知道什么可以鼓舞人、激励人、打动人。这就是管理和领导的本质所在，上述技巧是管理和领导的重要的情绪组成。正如领导的定义中所指出的："领导关注组织运行中情绪的作用，为管理工作注入生命和意义，并使其始终保持下去。"

4.情绪影响决策

内科医师往往被人们视为最理性的人。他们数年来的医疗训练无论从科学上还是学术上都是十分严格的。当然，他们是最不容易被瞬间的情绪所影响的一类人群。然而，康奈尔大学的心理学家艾丽丝·爱森却发现情况并不完全如此。在实验中，她分别给那些学医的学生和医生每人一个小礼物，结果，他们做出诊断的速度更快，而且更准确。同时让人们感到有趣的是，这些"心情好"的医生诊断时往往提出了有利于病人治疗的建议，也提供了更多的咨询。

那么，认知的决策过程是如何被一个看似不合理的原因所影响的呢？专家认为，不管送出的礼物有多轻，它都会引起快乐的、积极的情绪。当人们的情绪相对积极时，他们更有可能表现得慷慨大方、乐于助人。同时，积极的情绪也有利于更具创造力地解决问题，这也许就是医生为什么会做出更加准确的医疗诊断的原因。

5.情绪和记忆紧密相连

我们的记忆也是和情绪紧密相连的。例如，在进行测验的时候，你当时的感觉是否重要呢？事实上，重要的是进行测验时的感受要与学习测试材料时的感受保持一致。当我们记忆信息的时候，如果心情与首次获取信息时的心情保持一致，那么这些信息往往会被记得更清楚。这种现象被称作心境一致记忆。其实，这种关系十分直接：如果你在获取新信息的时候处于一种积极的情绪之中，那么当你需要使用这些信息的时候保持积极的情绪是很有帮助的。

对于那些富于情绪的记忆，这种结果似乎表现得更加明显。一般来说，这些富含情绪元素的记忆往往更容易回忆起来，而且间隔时间很长的情况下也不例外，情绪不太强烈的事情就不那么容易回忆起来。

6.情绪可以集中注意力

情绪不仅包含着重要的信息和数据，而且还可以将我们的注意力集中在周围环境中比较重要的事情上。当我们感到害怕的时候，我们就会从周围的环境中寻找可能存在的危险。当我们开心的时候，我们的能量和注意力就会得到释放，于是我们就会大胆地探索周围的世界，寻找新的发现。

假如你正在上班的路上，你感到有些忧虑，也有点紧张，但并不确定自己是因为什么而感到不安。你开始想放在公文包里的预算数据表，那是到办公室以后要交给内部审计的。你心不在焉地打开公文包里的手提电脑，重新审视那张数据表，看到第二页上有一个明显的错误。这时，你虽然感到紧张，但却精力充沛。你会把所有注意力都集中在这件事情上，认真检查每一行的每一个数字。你重新进入了运算过程，计算每一个数字是否有误。在这一过程中，你又发现并纠正了一处较小的错误。突然，你意识到车停了，你已经到站了。你一手抓起提包，一手拿着外衣及时地冲出了车门……

虽然紧张和忧虑会着实让你感到痛苦，但是，这些情绪却可以得到有效的运用。它将你的思维集中在了极为重要的任务上，帮助你注意细节，并且可以帮助你寻找错误。

4. 可以抱怨，但抱怨要有"底线"

人无完人，就如同麦尔顿曾经说过："提升自己的要诀不是静静地原地不动，而是想要达到某种目的时，首先要有不满足于现状的心理。但是，仅仅不满足是不够的，你必须要决定好以后即将行走的路程，否则，你就是个整天只会抱怨的人。"

抱怨在我们的生活或者工作中随时都有可能出现，就如同赵本山说过的："这个可以有。"然而，如何处理好抱怨，让它成为我们生活中的佐料或者说是调剂工作的小插曲，这是一门相当高深的科学，其中的尺度注定要把握恰当。做得好，可能你的小小抱怨一经说出，立即事半功倍；说得不好，久而久之，你在大家心目中就成了爱抱怨的人，那么无论是人品还是修养，在他人眼中，势必会大打折扣。

说到底，会不会抱怨，能不能抱怨，其实是个技术活儿，正所谓"牢骚太盛防肠断，风物长宜放眼量"，现实中往往就是这样，付出和得到经常难成正比，于是乎，催生了抱怨的怒气，也属于理所应当。我们抱怨自然是因为内心不平，但追根究底，抱怨并不等同于泼妇骂街，甚至有的时候将抱怨使用得宜，反而会取得意想不到的效果。

黄侃曾任北京大学教授一职，他在经学、文学、哲学各个方面都有很深的造诣，黄侃作为章太炎门生，学术深得其师真传，后人有"章黄之学"的美誉；其禀性一如其师，嬉笑怒骂皆成文章，然而却又有着自己的底线和尺度。

黄侃为人比较随性，在生活上对一些琐事不甚计较，他在北大主讲国学的时候，住在北京白庙胡同大同公寓，因为他终日潜心研究"国学"，有时吃饭也不出门，准备了馒头和辣椒、酱油等佐料，摆在书桌上，饿了便啃馒头，边吃边看书，吃吃停停，看到妙处就大叫："妙极了！"有一次，看书入迷，竟把馒头伸进了砚台、朱砂盒，啃了多时，涂成花脸，也未觉察。还是一位朋友去家里探望他，才将此事当作笑谈爆料出来，由此可见，黄侃为人粗犷的一面。

田炯锦在《北大六年琐记》中回忆："有一天下午，我们正在上课时，听得隔壁教室门窗有响动，人声鼎沸。下课时看见该教室窗上许多玻璃破碎，寂静无人。旋闻该班一熟识同学说：黄先生讲课时，做比喻说好像房子要塌了。说完，他拿起书包，向外奔跑，同学们不明就里，都跟着向外跑。拥挤得不能出门，有的同学急中生智，破窗而出，黄侃的这种率性而为，成了同学间永远的笑谈。"

黄侃作为北大人一直因为特立独行而被学生们拥护，他在上课时，经常会穿着黑缎子马褂，头戴瓜皮帽，腰间露出一截裤腰带还是白绸子的，而且，每次讲课到精彩处，他一定会戛然而止，幽默地抱怨说："想往下继续听的话，这里面蕴含着一个秘密，北大给我的工资这么低，唉，我实在没有办法讲下去，要不，这样吧，你们请我吃顿饭如何？"同学们都明白黄侃是在说笑，自然也就没人会计较其实他是在抱怨。而对黄侃来讲，他聪明地知道，所谓抱怨，一定是要有底线的。

就如同我们在抱怨的时候有自己的方法，那么被我们抱怨的事或者人也都有属于自己的底线，找准对方的命脉，在最恰当的时机把内心的抱怨表达出来，这才是我们需要领会的。

王阳明曾经说的"素其位而行，思不出其位"就是在提醒我们，如何对待抱怨的心态，不得不说这句话蕴含着深刻的哲理。他并不是在告诫我们要对一切事情听之任之，而是在提点我们，做人应该学会适可而止，否则，就算我们据理力争，抱怨得有礼有节，也不见得会得到双赢的局面。

1.每一份工作都会遇到很多困难的任务

每个人每天都有可能产生抱怨的情绪，如果我们首先存在抱怨的心态，那么这是任何人都无法改变的，除了我们自己。所以，面对挑战我们抱怨的同时，我们如何地选择去面对，这决定了我们将来的人生方向。在困难任务面前，有的人选择退缩逃避，最终碌碌无为，一事无成；有的人迎难而上，最后成就了一番事业。这也就好比我们面对想要抱怨的事，是选择闭口不言，还是有的放矢，则完全要看我们内心的正面情绪。如果说，抱怨真的是需要技巧来完成的话，那么，我们有那些时间，大可以做一些比研究抱怨法更加有意义的事情，何苦在这上面精心专营，浪费自己的大把好时光。

2."玉不琢，不成器"

想要做一块美玉，尚且需要反复打磨。我们作为成熟的人类，与其反复纠结在抱怨与否以及抱怨的底线上，莫不如放开心胸将抱怨之心抛在脑后，彻底忘掉这种坏情绪，将心态调整好，用阳光而磊落的态度去迎接崭新的明天，必然也会在他日收获到属于自己的希望。

5. 高情商的人还要会控制他人情绪

高情商的人不仅能够控制自己的情绪，还能够控制其他人的情绪。就像是在海洋里航行，高情商的人做的不仅仅是在海上掌舵，还需要设定航线，知道如何应对变化把自己的船停靠在遥远的陆地上。

杰克·韦尔奇是通用电气公司的执行总裁，他为人很难对付，也许会被人认为是情商很低的领导者。尽管大家普遍这样认为，但是这种判断不完全正确。韦尔奇在通用电气公司长时间的任期内充分展现出了作为一名高情商领导者应具备的各种能力。尽管他因为粗鲁无礼、直言不讳、冲动的性格和有时看起来令人生厌的行为而出了名，但是韦尔奇却展现出了自己吸引人、激励人以及创造共享目标的能力。

韦尔奇在谈到自己和下属经理关于工作表现问题的讨论时

说，他会提前给这些经理敲响警钟，不让他们走上危险的道路。他的直来直去的风格可以保证下属经理搞清楚问题出在哪里，需要做些什么来解决问题。如果工作问题迟迟得不到解决，那么那个经理就会丢掉饭碗。韦尔奇对他人的了解和苛刻的工作作风让下属经理们得到了其需要的信息，通过分析信息，他们可以预见到自己的职业未来和情绪未来。正如韦尔奇所说："……让谁离开公司谁都不应该感到奇怪。在开除某个人之前，我都会和他谈至少两三次话来表达我的失望，并且给他们东山再起的机会……如果他会感到惊讶和失望，在第一次谈话中就早已经感觉到了，而不是在让他离开的时候才感觉到。"

韦尔奇讲到自己给爱尔梵协会作讲话时的一件事。爱尔梵协会是个精英级的社会组织，其成员都来自通用电气公司的管理层。韦尔奇被邀请到社团作嘉宾时冒失地说该社团是个时代的错误，根本没有存在的价值。毫无疑问，他的讲话没有得到大家热烈的欢迎。事实上"当我讲完话时，全场一片寂静，大家都惊呆了。在后来的一个小时中，我不停地在人群中穿梭并不住地微笑以缓和自己给他们的打击。但是，大家都没心情高兴起来。"

当然，任何有点情商的领导者都不会对这样的讲话导致的情绪而感到惊讶。韦尔奇到底知不知道自己在做什么，他有没有预见到在自己传递完想要传递的信息之后他人的反应。

实际上这个信息给了爱尔梵协会需要的"一剂良药"，因为这个社团真的病了。韦尔奇给它开出了药方，但是这种药却让病人感到疼痛。爱尔梵协会在韦尔奇那番话之后不久就进行了重组，而韦尔奇的话在现在看来确是一个警钟和挑战。社团成员听到了警钟的声音，于是站起来迎接挑战，使社团成为了对通用电气公司和社团成员都有重要意义的一个社区服务组织。

下面是韦尔奇处理事情的情商分析：

判断情绪：这个社团的情绪是自满、得意、开心。

运用情绪：整个社团目光短浅，他们主要将精力集中在内部事务和自己身上，没有看到全局。

理解情绪：替他们敲醒警钟可以使他们从自满的情绪中醒悟过来，他们可能会感到惊讶和气愤。

控制情绪：当他们醒悟过来的时候，他们自满的世界观就会受到挑战，这种情绪上的不和谐可以激励他们成长、成熟。

韦尔奇的某些行为从表面看来情商水平并不高，他在工作中的态度并不总是令人愉快或者让人获得鼓舞。但是，我们不得不佩服韦尔奇采取的行动或做出的决定所体现出来的情绪技巧，至少它们都是四项情绪技巧的组成部分。

在艰难的时刻进行管理就需要做出艰难的决定。如果你无法做出决定，如果你过于和蔼、无法处理消极情绪和矛盾，你就可能成为一位在条件顺利时出色而在艰难时刻孤立无望的人。